반가원유보다례

반가원유보다례

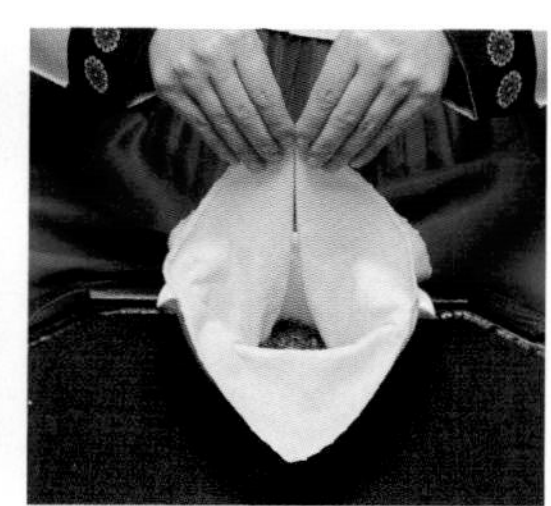

반가원유보다례는 무명과 같은 천을 사용하여 이 시대에 맞는
다례법으로 발전시킨 연구서이다.

저자 전재분

티웰

차례

서문

보자기로 새로운 꽃 피우는 원유의 보다례

반가원유보다례

박전열(중앙대학교 명예교수)

옛부터 보자기는 소중한 물건을 싸는데 쓰는 신성한 것으로 여겼다.

우리나라 보자기의 역사는 삼국유사에는 하늘이 보낸 수로가 가야국을 열었다는 신화부터 시작된다. 백성들이 기뻐하며 하늘에서 강림하시는 김수로왕을 맞이하려 노래부를 때, 자줏빛 줄이 하늘에서 드리워져서 땅에 닿았다. 그 줄이 내려온 곳을 따라가 보니 붉게 빛나는 보자기에 싸인 금합(金合)이 있어, 열어보니 해처럼 둥근 황금 알 여섯 개가 있었다. 여러 사람들은 모두 놀라고 기뻐하여 함께 절하고 얼마 있다가 다시 싸서 안고 아도간의 집으로 돌아와 책상 위에 놓아두었다가 이튿날 아침에 무리들이 다시 모여서 그 상자를 열어보니, 여섯 알은 변해서 어린아이가 되어 있었는데 용모가 매우 수려하였다. 곧 성장하여 왕위에 오르니 세상에 처음 드러나신 분이라 해서 이름을 수로(首露)라고 하였다.

고려시대 중국에서 온 사신들은 고려 체류기록인『선화봉사고려도경』에서 식탁을 덮는 보자기가 용도에 따라 구분해서 쓰일 뿐만 아니라, 음식을 매우 정갈하게 다루기 위함이었다고 다음과 같이 기록했다. '음식을 내올 때는 아래를 쟁반으로 받치고 위에는 푸른 보자기를 덮어놓는다. 다만 왕과 정사 · 부사의 보자기는 붉은색과 황색으로 장식하는데, 음식이 정갈한 것과 거친 것을 구별하기 위함이었다.'

조선『세종실록』에는 종묘 제향 때 쓸 제물을 청결히 보관하는 방식이 자세히 기록되어 있다. '종묘의 제향 때에 제물을 진설한 채 밤을 지나기 때문에 먼지가 앉아서 청결하지 못하니, 크고 작은 제물을 담는 그릇은 다 뚜껑이나 보자기로 덮는다. 그 중에 생육과 각종 떡과 건어포는 길고 커서 뚜껑을 덮을 수가 없으니, 기름 먹인 종이로 만든 뚜껑과 보자기를 덮었다가 제향을 거행하기 직전에 거두도록 한다.'고 할 정도로 보자기는 신성한 제물을 청정하게 유지하는데 중요한 물건으로 여겼음을 알 수 있다.

보자기는 물건을 깔거나 덮거나 싸는 헝겊으로, 큰 것은 보(褓), 작은 것은 보자기로 구분하기도 하지만, 귀한 물건을 더욱 소중하게 여기며 성스럽게 해준다는 상징적 의미를 지닌다.

가톨릭에서는 미사 중에 성찬 전례는 최후의 만찬 때 그리스도가 자신의 죽음을 기념하여 빵과 포도주를 나누라고 하셨다는 복음서 말씀을 따르는 거룩한 의식이다. 성찬 전례 전체의 중심이 되는 식탁인 제대에는 먼저 성체포(聖體布, corporale), 성작 수건(聖爵手巾, purificatorium), 미사 경

본 등이 놓인다.

성체포는 아마포로 만든 보자기로써 거룩한 잔 즉 성작의 깔개 역할이며, 성작 수건은 아마포로 만든 작은 수건이자 작은 십자가를 새긴 보자기다. 성작 수건은 성작 위에 걸치고 그 위에 성작 덮개를 덮어 신성함을 유지해준다.

우리나라 선종 사원에서는 스님들의 식사를 바루공양이라 하는데, 이때 포개 두었던 4개의 나무 그릇 즉 바루를 펼쳐 놓고 각각 밥, 국, 반찬, 물을 담는다. 보자기에 싸두었던 바루는 발단이라는 큰 보자기를 펼쳐 그 위에 놓으며, 나중에 비운 바루를 물로 깨끗이 행군 후에 발건이라는 작은 수건으로 물기를 닦아낸다. 그후 발단을 접어 그 위에 바루와 수저 발건을 차례로 얹은 뒤에 발랑이라는 끈으로 흐트러지지 않게 묶고, 작은 보자기를 덮어 선반에 올려놓음으로 바루공양이 일단락된다.

이처럼 보자기는 소중한 물건의 깔개가 되기도 하고, 깨끗하게 닦아내는 역할을 하는가 하면, 청정을 유지하는 덮개로 쓰이고, 보관할 물건을 모아 싸두는데 쓰인다. 보자가는 이런 실용적인 기능에 머물지 않고, 물건이나 음식, 음료 등에 신비로운 의미를 가지게 해주는가 하면, 그 물건에 신성성 혹은 상징성을 부여함으로, 사람들의 삶에 새로운 활력을 불어넣어주는 특별한 힘을 지닌다.

한국다도 전통에 새로운 작법과 독창적인 의미체계를 일구어 온 원유전통예절문화협회의 전재분 원장님과 회원들이 마음과 힘을 모아 오랜 동안 갈고 다듬어 온 '반가원유보다례'의 여러 작법을 책으로 엮어 세상에 내어 놓았다. 한국문화의 전개과정에 곳곳에서 묵묵히 제 역할을 해오던 보자기가 원유다례원의 사랑과 창의력으로 찻자리에 새로운 모습으로 거듭나게 되었음에 찬사를 보낸다.

다도는 여러 방면에서 존재의의가 논의되지만, 창안해가는 과정, 예술로써의 가치가 무엇보다도 중요하다고 생각한다. 작은 보자기 하나하나가 신묘한 모습과 의미로 찻잔과 어울리며 꽃으로 금강에서 다시 피어나고, 새가 되어 봉래를 날며, 산과 들과 강이 되어 차의 아름다움과 즐거움을 더하게 해준 원유다례원 여러분은 멋진 아티스트이자 생각하는 다인으로 새로운 보다례의 세계를 차곡차곡 일구어가시리라 기대합니다.

축하합니다.

2024년 정월 길일

백학유영(白鶴諭泳)

이내옥

(사)원유전통예절문화협회 이사

논산 지회장

백학유영

백학유영(白鶴諭泳)의 의의

백학유영은 차 도구의 제약에서 벗어나, 어떤 자리에서든 격식에 구애받지 않고 우리의 일상에 늘 함께하는 보자기와 가벼우나 가볍지 않은 바루에 차를 우려 마시는 차살림법이다. 백학유영이라 이름한 것은 바루에 보를 펼쳐 놓으면 학이 곧 날아오를 듯한 모습과도 같으며, 참 어른으로 학처럼 사셨던 선조들의 모습이 바루와 보를 통하여 우리에게 펼쳐지는 듯하여 붙인 이름으로, 급변하는 이 시대에서 진정한 어른으로 소통하게 하는 차 살림법이다.

백학유영의 특징

백학유영에 사용되는 백학보에는 소중한 의미가 담겨있다.

무명(백학보)이 가진 의미로는

첫째, 어머니의 마음을 표현하는 듯한 온유함,

둘째, 육신의 나태함을 깨우기 위한 내 삶의 정화,

셋째, 점점 낡고 바래면서 광택은 사라지지만, 모든 것을 다 받아들이는 포용의 충만함을 나타낸다.

차살림 중 보에 차를 담을 때, 학이 부리로 먹이를 집듯이 일정한 높이에서 경쾌한 소리가 나도록 떨어뜨려 주고, 보를 모아 차를 우릴 때는 떨어지는 방울마다 의미가 다름을 인식하면서 천천히 기다린다.

우리나라는 숫자에 민속적 철학이 포함되어 있다고 한다.

1은 천지창조를 뜻한다.

3은 창조물의 번식과 조화를 표현한다.

5는 오방, 즉 동서남북과 중앙을 뜻하며 온 세상을 말한다.

7은 칠성은 비를 뜻하고 인간의 수명을 수호한다고 믿었다.

9는 천지와 우주의 완성을 의미한다.

행위 하나에 천지창조부터 천지와 우주의 완성이 포함되어 있으니 학이 꿈꾸듯 유영하는 차살림을 할 때 머뭇거리지 말고 학의 숨결처럼 단순하고 깔끔하게 시연하는 것이 좋다.

차 살림 준비

백학반	백학보(단위:cm)	유영다포(단위:(cm)
주인(1바루) 1빈(2바루) 2빈(3바루) 3빈(4바루) 차호(5바루) 중앙반(뚜껑) 보조백학반(퇴수기) 탕병/탕병받침	주인가로:27 세로:27 1빈가로:25 세로:25 2빈가로:23 세로:23 3빈가로:21 세로:21	가로:54 세로:54 보조다포 가로:30 세로:35 수건 가로:32 세로:18 차건 가로:21 세로:11

차 도구 배열

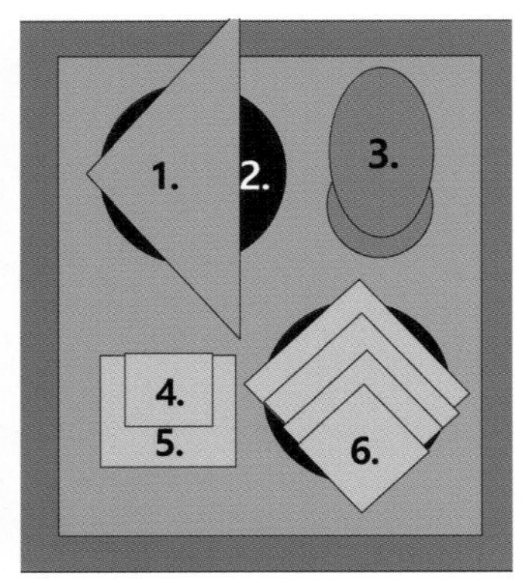

1.유영다포 2. 백학반 3. 탕병 4. 차건 5. 차수건 6. 유영백학보 7. 보조 백학반

차 살림법 순서

인사하기

1. 차를 정성껏 우리겠다는 예를 한다. (拜茶)

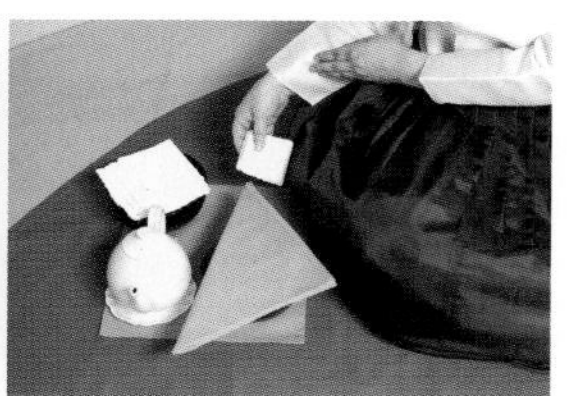

2. 차수건을 가져와 오른손 왼손을 닦고 차건을 가져와 차수건 위에 올려서 제 자리에 놓는다

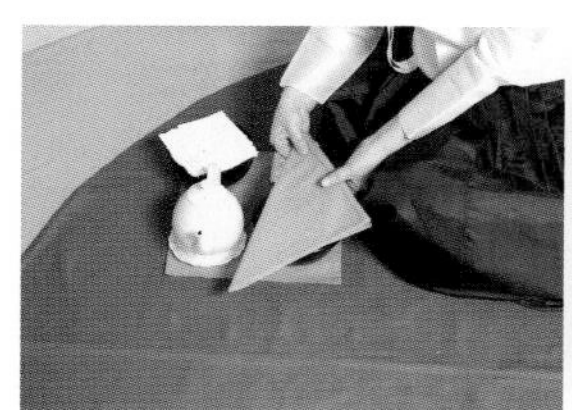
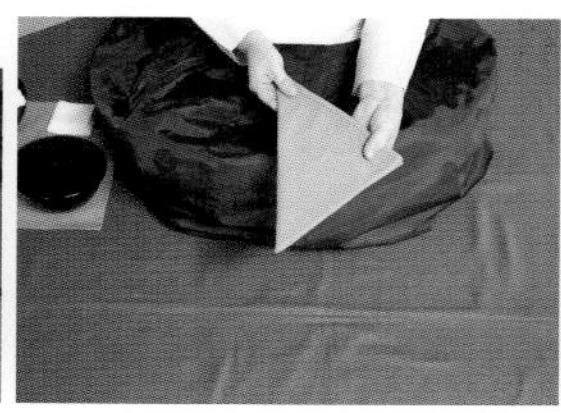
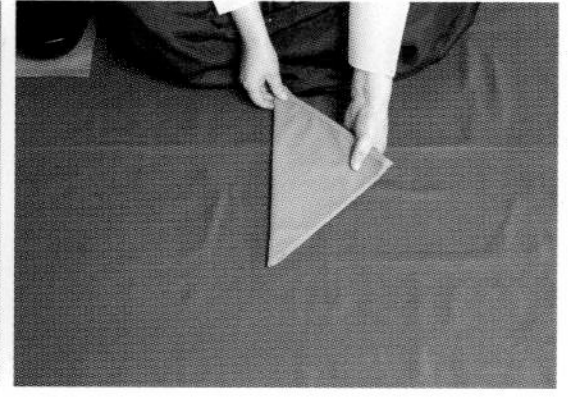

3. 백학반 위의 유영다포를 앞으로 가져와서 바닥에 내려놓는다.

4. 공수 후 왼손으로 유영다포의 바닥을 누르고 오른손은 유영다포의 사선을 따라 올라가 중심점에서 유영다포를 펼쳐 마름모꼴로 편다.

5. 유영다포 아래쪽에서 양손을 모아 동시에 학이 날개를 펼치듯 다포를 편다.

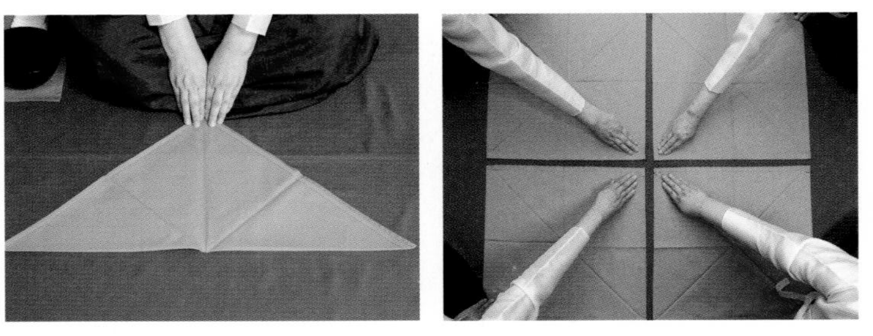

6. 겹쳐진 유영다포는 왼손은 아래쪽을 오른손은 위쪽을 잡아 펼쳐 놓는다.

7. 백학반을 들어 몸 중심에서 잠시 멈춘 후 유영다포 아래쪽에 놓는다.

8. 차호를 제자리에 옮겨 놓는다. (보조 다포)

  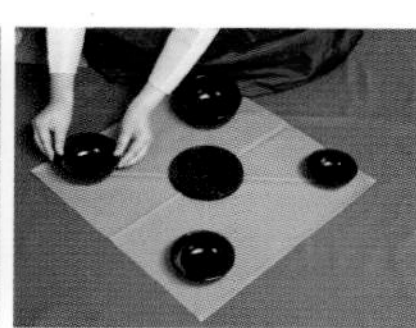 

9. 3빈 백학반을 왼쪽 자리에, 2빈 백학반을 위쪽 자리에, 1빈 백학반은 오른쪽 자리에 놓고, 주인 백학반은 아래쪽 주인 자리에 놓는다.

10. 백학보 펼치기

보조 백학반 위에 있는 유영백학보를 양손으로 들어 주인 백학반 위에 올려놓고 잠시 멈춘 후, 왼쪽 3빈-위쪽 2빈-오른쪽 1빈-주인 순으로 유영백학보를 놓아둔다.

11. 숨을 고른 후 주인은 손님들과 함께 유영백학보를 학이 날개를 펼치는 모습으로 각자의 백학반에 펴서 정리한다.

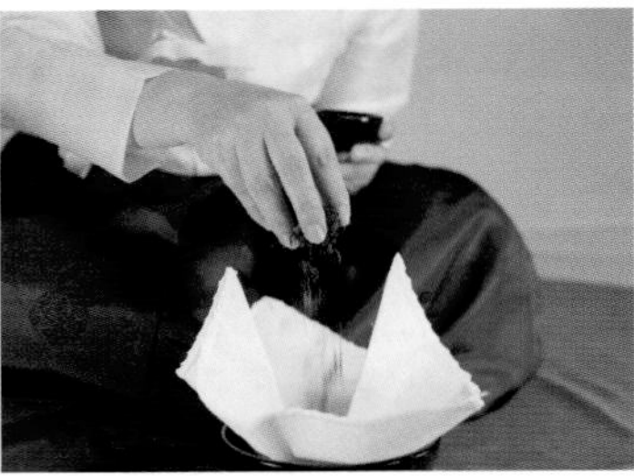

12. 차 넣기

주인은 차호를 두 손으로 들고 와 펼친 유영백학보에 백학에게 모이를 주듯 백석과 차를 담는다. (2회)

13. 중앙반 위에 차호를 놓으면 1빈—2빈—3빈 순으로 같은 차를 유영백학보에 넣고 나면 차호는 주인이 제자리에 둔다.

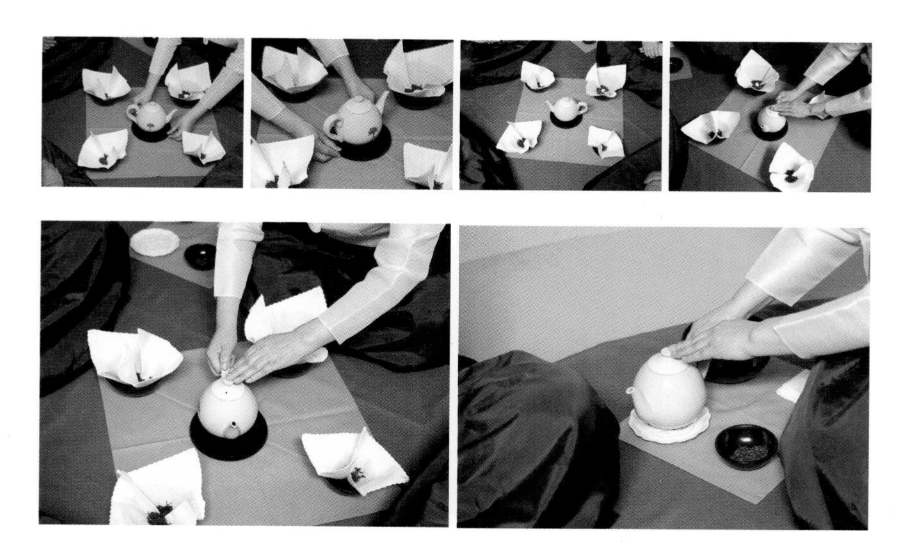

14. 차 우리기

탕병을 들어 주인이 탕수를 따르고 중앙반에 탕병을 놓으면 13번처럼 돌아가며 탕수를 따른 후 보조백학반 위에 올리고, 주인은 탕병을 들어 제자리에 놓는다.

15. 숨을 고른 후 손님들과 함께 펼쳐 놓은 유영백학보를 접어 오므리고 오른손으로 유영백학보를 가볍게 쥐고 차를 우려낸다. (3회)

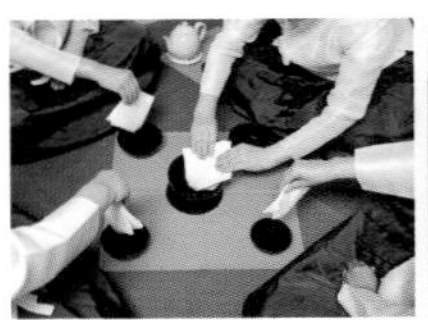

16. 우려낸 유영백학보는 보의 끝이 주인을 향하도록 보조 백학반에 순서대로 가지런히 놓는다. (주인–1빈–2빈–3빈)

17. 보조 백학반을 보조 다포에 두고 가볍게 예를 한 다음, 정성껏 우려진 찻물이 담긴 백학반을 손님들과 함께 들고 천천히 나눠 마신다. (3~5회)

18. 두우림차 우리기

숨을 고른 후 보조 백학반을 중앙반으로 옮겨 두고 우림할 유영백학보를 3빈-2빈-1빈-주인 순으로 들어 각각의 백학반에 유영백학보의 끝이 중앙을 향하게 놓고, 주인은 보조 백학반을 제자리에 놓는다.

19. 주인은 손님들과 함께 두 우림할 유영백학보를 펼치고(11번 참조) 탕병을 들고 와 탕수를 따른 다음, 중앙반 위에 탕병을 놓으면 1빈-2빈-3빈 순으로 탕수를 따르고 주인이 탕병을 제자리에 놓은 다음 보조백학반을 들고 와 중앙반 위에 놓는다.

20. 숨을 고른 후 손님들과 함께 유영백학보를 모아 천천히 차를 우려낸다. (3회)

21. 두 우림한 유영백학보는 보조 백학반에 가지런히 순서대로 모으고(16번 참조), 주인은 유영백학보가 모인 보조 백학반은 제자리에 옮겨 둔다.

22. 【차마시기】마음을 고른 후 찻물이 우려진 백학반을 주인이 차빈들과 함께 들고 두 우림 차를 나눠 마신다. (3~5회)

23. 【설거지】숨을 고른 후 주인은 차건을 들고 중앙반(뚜껑)의 왼쪽–오른쪽–가운데 부분을 닦는다

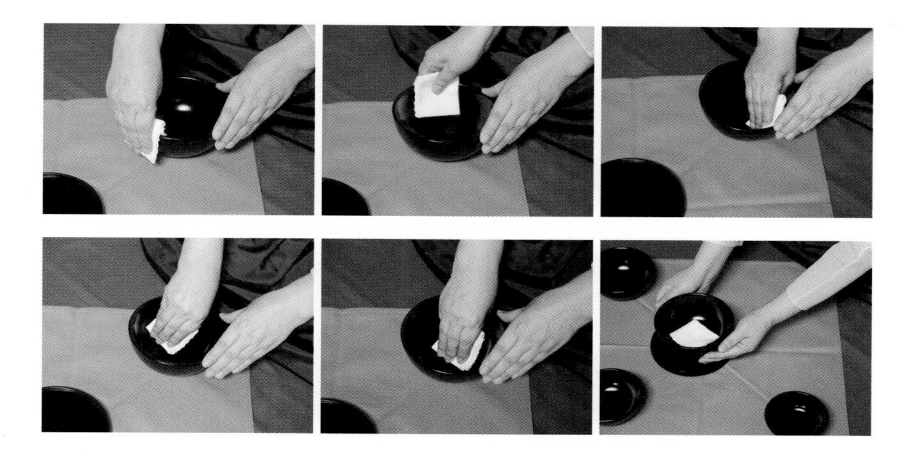

24. 주인은 주인 백학반을 먼저 차건으로 3.3.3공법으로 시계방향으로 돌려가며 닦고, 백학반 안쪽의 왼쪽–오른쪽–중앙을 닦고, 차건을 주인 백학반 안으로 넣어 중앙반 위에 놓는다.

25. 【백학반 정리하기】1빈 백학반을 주인 자리로 들고 와서 중앙의 백학반에서 차건을 가져와 같은 방법으로 닦고, 2빈, 3빈 백학반도 닦아 중앙반 위의 백학반 안으로 겹쳐 정리한다. (차빈 백학반은 주인 자리에서 닦는다)

26. 주인은 차건을 보조 다포에 놓고, 차호를 중앙의 백학반 안으로 겹쳐 넣으면 백학반이 정리된다.

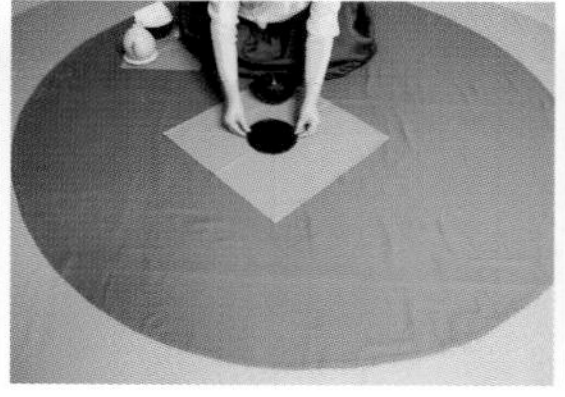

27. 정리된 백학반을 주인 자리에 놓은 다음 중앙반(뚜껑)을 덮는다.

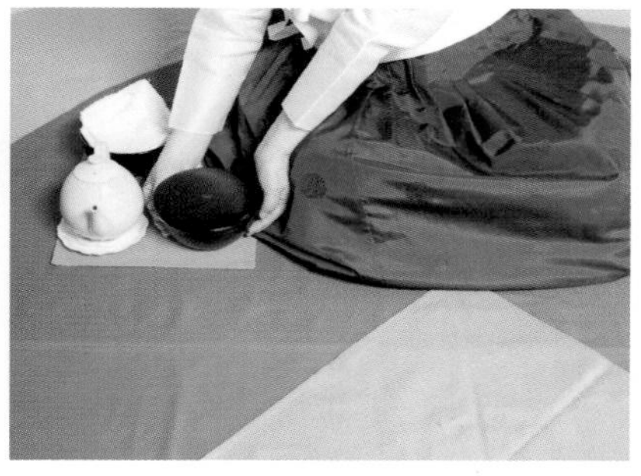

28. 숨을 고른 후 주인은 백학반을 들어 몸 중심에서 잠시 멈추고 제자리에 놓는다.

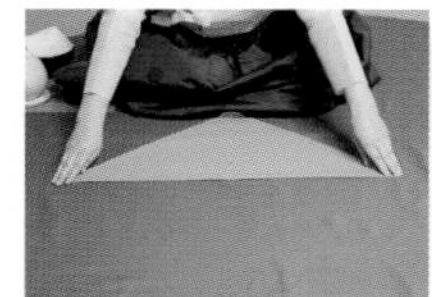

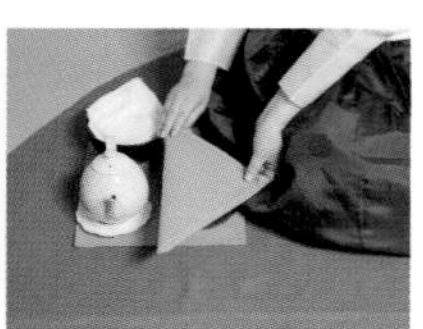

29. 【유영다포 접기】유영다포를 접어서 몸 중심에서 멈춘 후 백학반 위에 올려 놓는다.

30. 마침 인사를 한다. (拜)

※ 잎차 1안은 백석과 녹차로,

잎차 2안은 녹차+청차, 녹차+메밀, 녹차+매화, 녹차+백차 등 차와 각 계절에 맞는 꽃과 생강, 목련, 국화 등으로 블렌딩할 수 있고, 다양한 재료와 방법으로 우릴 수 있으며 여러 번을 우려도 같은 맛과 향을 즐길 수 있다.

• 3.3.3공법이란 1/3씩 시계방향으로 돌려가며 백학반을 닦는 공법이다.

백색의 보를 펼치면서 나의 마음도 하얀 보위에서 춤을 춘다. 이때만은 아무것도 모르는 해맑은 어린아이의 마음이 되어본다. 보가 하나하나 펼쳐질 때의 움직임이 학의 날갯짓과 닮게 하려고 조용조용히 펼쳐본다. 그 위에 떨어지는 찻잎들…….

힘들게 차를 만들어 준 사람을 생각하고 이 차가 하얀 보 위에서 얼마나 아름다운 유영을 하면서 찻물이 우러날까를 생각하며, 한 번 두 번 물에서 노닐게 한다. 찻물 떨어지는 소리를 들으며, 숲속 계곡에도 잠시 다녀오고 깊은 산골짜기 작은 폭포의 시원한 물소리도 듣고 온다. 이처럼 보와 차가 노니는 사이에 나도 다른 세계에 가서 아름다운 광경을 느끼고 온다. 고운 보로 차를 우렸으니 그 맛이야 더할 나위 없겠으나, 그 귀한 맛을 귀한 그릇인 바루에 마시고 있으니 그 기쁨을 어디에 견줄 수 있겠으며 이보다 더 좋고 가슴 뿌듯한 광경이 어디에 있을까……. 귀한 것을 두 손으로 받쳐 들고 귀한 사람들과 같이 앉아 생각을 나누고 마음을 나누고 한 가지라도 기꺼이 내어 주고 싶은 도반들과 마시는 한 잔의 차… 서로가 서로를 보듬어 주는 사람들. 이 멋진 이들과 이렇게 고귀한 차를 마시니 내 생에 이보다 더한 아름다운 시간은 없을 것이다.

– 백학 유영을 마치며 –

백학바루명상(白鶴바루瞑想)

이미성

(사)원유전통예절문화협회 이사

충북 지부장

백학바루명상

瞑想의 定義

명상(명상, meditation)은 묵언(默言)을 통하여 단조한 속에서 자신을 조견해보도록 하는 것이다. 묵언행(默言行)을 하면서 정좌(正坐)하여 바닥을 바라보게 하는데, 글자 그대로 눈을 감고 고요히 생각한다는 뜻의 그리스도교 용어였다. 생각을 잠재운다는 명상(瞑想)은 불교나 힌두교의 수행 방법을 이르는 단어가 되었고, 이러한 명상의 유용성은 과학적 연구를 통하여 밝혀지고 있는데, 근거로서 차를 마시거나 좌선, 명상을 하면 부활 파형인 알파파가 후두부 뇌파에 두드러지게 증가하는 생리적 변화가 나타난다. 알파파가 증가하면 맥박, 호흡, 뇌파가 안정되며 불안한 마음이 가라앉는다. 명상 중에 나타난 알파파는 외부의 자극에 의해서 억제되기 어렵고 억제되어도 곧 회복되면서, 시타파와 같은 가장 느린 파동이 나타날 때에도 정신 전기반사가 나타난다고 한다. 이런 현상에서 호흡은 줄고 맥박이 늘어나는 것을 볼 수 있는데, 즉 정신활동이 긴장에서 이완으로 이

행하며 수동과 능동이 능률적으로 통합되어 창조적인 능력이 발휘된다. 명상을 통한 절대 안정상태에서 창조력이 발휘될 수 있으며, 고도의 인격 형성이 된다.

명상은 여러 종교에서 관찰되는 훈련이며 현대에서는 명상이 곧 종교와 같다. 누구나 쉽게 접근할 수 있어서 현대인의 라이프스타일에 중요한 부분을 차지하고 있으며 점점 더 각광을 받고 있다. 다양한 방법의 명상이 있으며 걷기 명상, 듣는 명상, 소리와 진동으로 명상에 이르게 하는 싱잉볼 명상 등이 있다. 백학바루명상은 차(茶)를 중심으로 바루와 보를 사용하여 이미 마음의 청정함을 얻고, 자신을 위하여 차를 우려내어 겸허함과 참됨을 배우며 또한 선(禪)으로 조용히 사색하고 명상하여 무아의 경지에 이르도록 하는 것이므로, 우리의 정신 영역을 더없이 넓혀 백학보와 바루로 안정과 안락을 꾀하도록 하였다. 그러므로 바루를 만지는 사람은 다구를 만지는 사람과 다르게 표정이 안정되어야 한다. 바루차완은 반듯함, 가지런함, 겸손함의 바탕에 마음을 둔다는 것이다. 또한 바루는 동서남북의 아우름에 어머니의 마음과 아름다운 가인의 마음을 담은 그릇이므로 백학보와 함께 바루차완으로 명상할 때는 그 주변도 정갈하게 정리되어야 한다.

차(茶)가 추구해야 할 본래의 목적은 자성을 깨닫고 나를 찾으며 명상을 통하여 중정(中正)의 길로 나아가는 데 있다. 차생활을 통해 얻어지는 깨달음의 경지, 즉, 다도의 정신적 측면을 강조하는 독성법을 명상차라고 하는데, 이는 스스로 차를 끓여 마시며 자기 내면을 성찰하는 다례법이다. 명상을 통해 내면을 깊숙이 주시하면서 차를 마시는 행위 자체가 수행의 한 방편이면서, 차 마시는 자리가 수행의 도량이 됨을 알 수 있다고 하였다. (지운. 2002)

사회문제가 날로 복잡해지며 청소년 문제가 점점 심각해지고 있는 지금, 현대인들은 가정이나 직장, 학교, 어느 한 곳에서도 빠르게 변화하는 흐름에 적응하지 못한 채, 자신의 고민과 스트레스에 함몰된 상태로 브레이크 없는 자동차처럼 앞으로만 질주하고 있다. 현 사회의 물질적인 풍요와 상관없이 정신적인 자아는 서서히 침몰하는 중이다. 차와 함께하는 명상은 청소년뿐만 아니라 성인들에게도 정신적, 육체적 긴장에서 벗어나 자아를 찾고 내면의 세계를 활성화하는 데 일조하며, 육체적인 건강 회복에도 도움을 줄 것으로 확신한다.

체위법(體位法)

백학바루명상은 앉아서 정신을 집중하여 간결하게 차를 우리며 명상에 이르는 명상법이다. 반가부좌로 편하게 앉아서 양 손바닥을 위로 한 채, 오른손을 아래에 두고 왼손을 위에 포갠다. 이때 양손의 엄지손가락은 세워서 마주 댄다. 척추는 곧게 세워서 몸의 중심이 아랫배로 가도록 하여 바르게 앉는다. 이렇게 하면 귀와 어깨, 코와 배꼽이 일직선으로 정리된다. 몸이 전후좌우로 기울어 지지 않게 하고, 눈은 반개(半開)한 상태로 콧등 아래 선을 내려다본다. 입술은 가볍게 다물고 호흡은 코로 고요하게 한다. 이러한 자세로 깊이 호흡하고 안정된 상태로 자세를 가다듬는다.

호흡법(呼吸法)

숨을 천천히 마시고, 천천히 내쉰다. 평소 자신의 숨보다 느리게 호흡하면서 깊게 호흡하면 몸의 긴장이 이완된다. 호흡은 마음과 밀접한 관계로, 마음이 동요하면 호흡이 흩어지고 호흡이 흩어지면 마음도 흔들린다. 호흡을 의식적으로 조절하면서 자율신경을 조절하면 감정의 움직임도 조절할 수 있어서 몸의 건강이나 마음의 안정을 유지할 수 있으며, 백학바루명상으로 새로운 에너지를 얻을 수 있다.

백학바루명상의 특징

백학바루명상은 바루와 보로 명상을 하고 차가 추구해야 할 본래의 목적인 자성을 깨닫는 것이므로, 차 도구는 최소화하고 물은 뜨겁지 않게 하며 차의 양은 평소의 반으로 준비한다. 백학바루명상 시 자신의 상태를 가장 잘 보여주는 것이 손의 움직임과 얼굴 표정이므로, 언제나 깨어있는 마음으로 중정의 조화를 이루어 이상의 경지로 나아가도록 하는 데 중점을 두고 있다.

백학바루명상 차살림 준비

차도구	다포	차/물
1번 : 차호바루(4번) 2번 : 주인바루(1번) 3번 : 뚜껑 4번 : 탕병 5번 :탕병받침	명상다포(단위cm) 가로 : 50 세로: 50 보조다포 가로 : 25 세로: 25 백학보 가로 : 20 세로: 20	차 : 3gm 물 : 40cc

차도구 배열

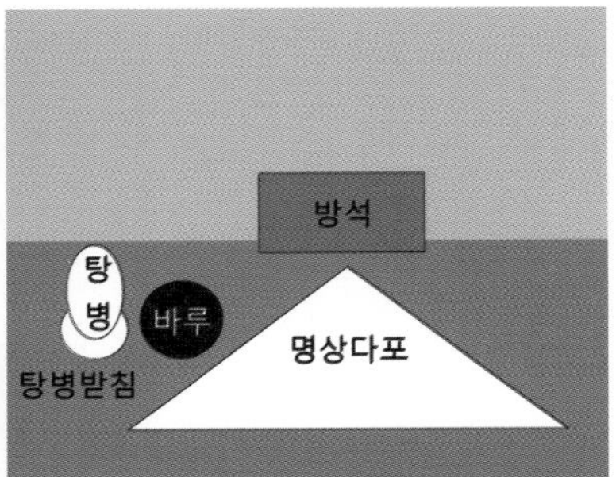

차도구 명칭

백학바루명상 순서

1. 공수한다

2. 【발원】 오른손 바닥이 위를 향하게 가운데 두고 왼손을 오른손 위에 얹은 후 엄지를 모아 원을 만들고(發願) 명상(1~10) 후 공수한다

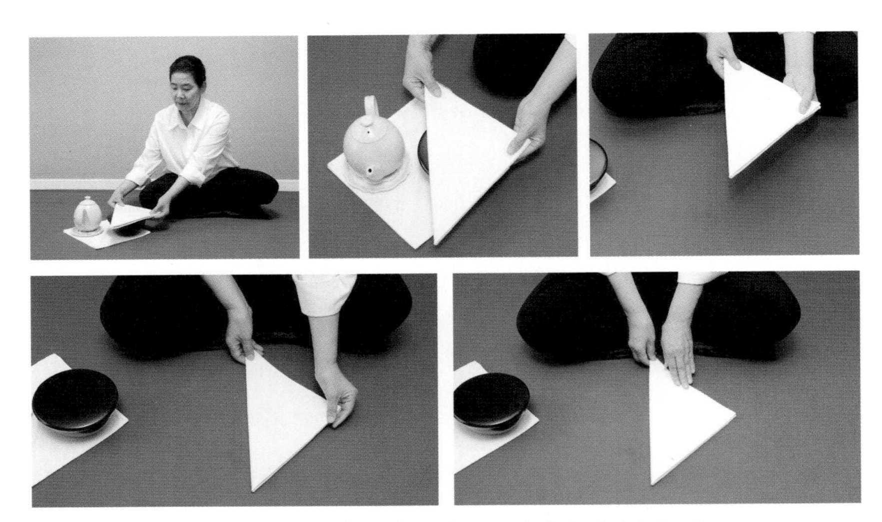

3. 바루명상반 위의 명상다포(白色)를 앞으로 가져와 내려 놓는다.

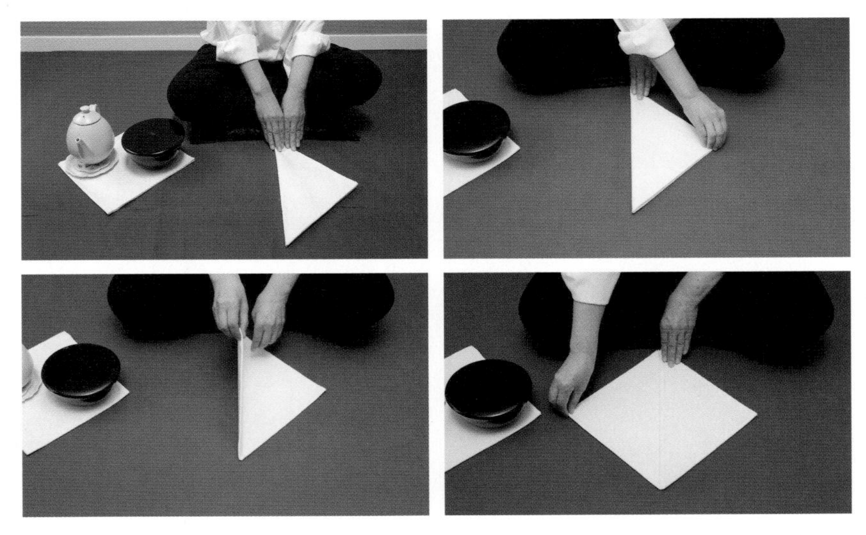

4. 양손은 다포 끝을 살짝 누르고 오른손은 다포의 사선을 따라 올라가 다포 중간 꼭지점에서 위쪽 다포만 잡고 천천히 펼친다

5. 양손이 같은 위치에서 다포를 잡고 백학이 날개를 펴듯 역삼각형이 되게 다포를 펴고 양손이 다포 끝선을 따라 내려와 다포 아랫부분에서 손을 모아 공수한다.

6. 명상(1~10) 후 백학바루명상반을 들고 와 몸 가운데에서 멈춘 후 명상다포 중심에 내려놓는다.

7. 양손으로 바루명상반 뚜껑을 열어 보조다포에 옮겨놓는다.

8. 백학보가 담긴 차호를 들어 보조다포의 뚜껑 위에 옮겨 놓는다.

9. 명상 후 오른손으로 차가 담긴 백학보를 들고 와 백학보의 끝이 주인을 향하게 놓는다.

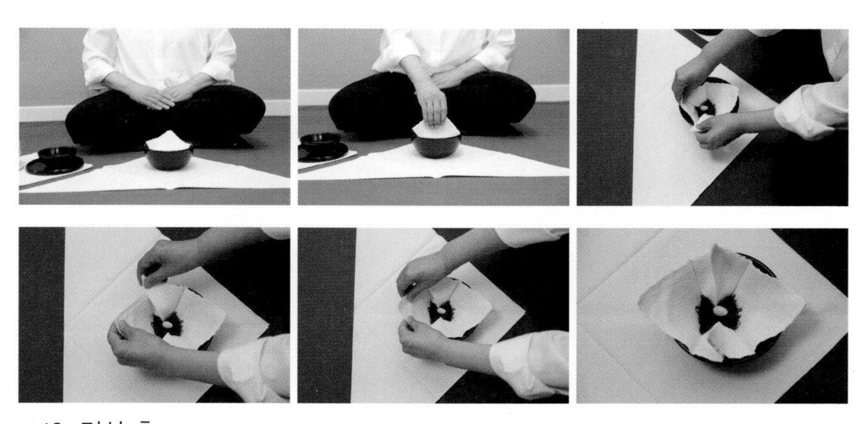

10. 명상 후
백학보를 아래 → 양옆 → 위 순서로 백학 날개처럼 펼친다.

11. 탕병을 들고 와 탕수가 백학보 가운데 떨어지도록 천천히 따른다.

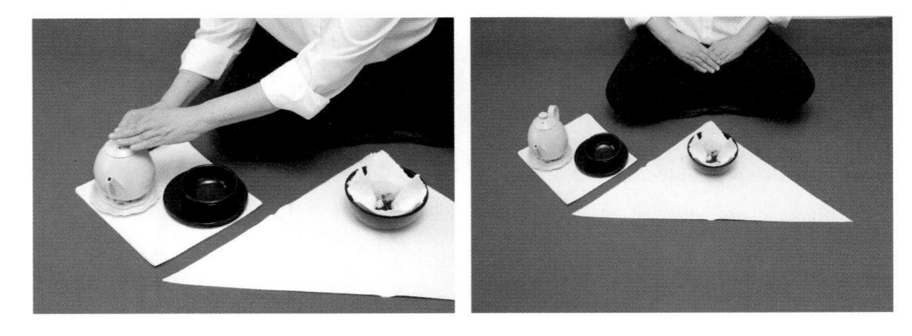

12. 탕병을 제자리에 두고 잠시 명상한다. (명상1~10)

13. 백학보를 양날개부터 모아 접고 위쪽 아래쪽 순으로 모은 후 차를 우려 낸 다음, 차호 바루 안으로 끝이 뒤를 향하게 놓는다.

14. 명상 후 명상반을 들고 3번에 나누어 마신다.

15. 명상 후 두 우림 할 백학보를 들고와 명상반 안에 놓는다.

16. 11번과 같이 백학보를 펴고 탕수를 따른 후 탕병을 제자리에 놓는다.

17. 명상 후 백학보를 (14번 참조) 접고 찻물이 우러나면 두 우림한 백학보를 차호바루 안에 놓는다(두우림, 13번 참조)

18. 차를 3회에 나누어(14번 참조) 천천히 마시고 명상한다 (명상 1~10)

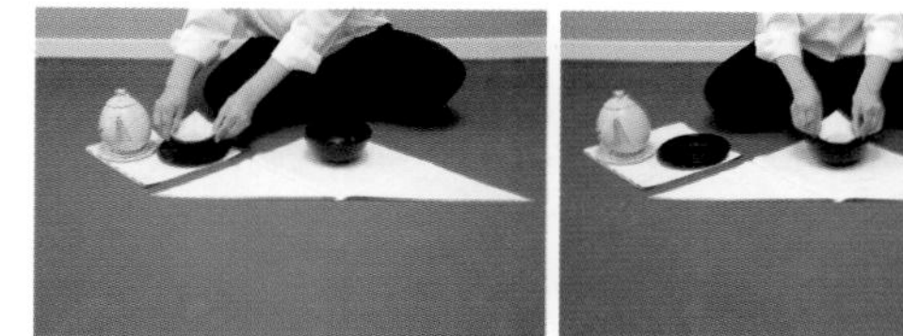

19. 차호바루를 양손으로 들고 와 백학보 끝이 주인을 향하게 하여 명상반 안에 넣는다.

20. 뚜껑을 들고 와 명상반을 덮는다.

21. 명상 후 정리된 명상반을 들고 몸 중심에서 멈춘 후 제자리에 놓는다.

22. 양손이 다포의 선을 따라 올라가 다포 끝을 잡고 날개를 접듯 동시에 모아 다포 아래 끝에서 손을 가지런히 모아 정리한다.

23. 접혀진 다포 끝에서 오른손은 다포 선을 따라 올라가 꼭지점에서 오른쪽 다포를 왼쪽으로 접고, 양손이 모아졌을 때 다포를 받쳐 들어 몸 중심에서 멈춘 후 바루명상반 위에 올려놓은 다음 명상한다 (명상1~10)

24. 명상 후 발원한다 (명상1~10)

25. 공수한다 (명상1~10)

급변하는 지구환경을 경험하며 자연을 아끼고 돌보아야 함을 새삼 깨닫고 있는 지금, 차를 즐기는 차인으로서 미력이지만 힘을 보태고 싶다.

일회용품이 난무하고 미세플라스틱이며 유해 물질이 강이며 바다에 넘쳐나는 현실을 보노라면 미래가 염려될 때가 많이 있다. 누구나 지구환경에 관심을 가져야 할 이 시기에 무명보를 이용하여 차(茶)를 즐기는 것은 모두에게 권장되어야 할 사항이며 아름다운 자연을 슬기롭게 돌보는 지혜로운 방법이기도 하다.

더하여 언제 어디서나 필요에 따라 어렵지 않게 찻자리를 펼칠 수 있으므로 시간과 공간의 조화를 이루어 소통과 교류가 어려워지는 시기에 서로를 위로하는 간결하고 자연스러운 자리를 만들기도 하고, 스스로를 위한 소중한 명상의 시간을 마련하기도 하며 때로는 우리 차문화를 접근이 어렵지 않게 하여 많은 사람들이 차를 편하고 번거롭지 않게 즐길 수 있게 하였으므로 우리나라뿐만 아니라 해외 활동, 특히 중국, 대만, 일본 등과의 교류에도 적극적인 행보(行步)를 하고 있다.

학(鶴)을 두루미라 칭하며 고귀하고 기품 있으며, 신선이 타고 다니는 새로 알고 있던 선조들의 뜻과 조선시대에는 선비들이 입던 창의(氅衣) 중에는 소매와 테두리에 검은 천을 댄 학창의(鶴氅衣)와 문관들의 흉배(胸褙)에도 두루미가 수 놓여 있다. 또한 백학, 황학, 홍학은 보았어도 누구도 본 적이 없다는 청학(青鶴)은 용(龍)처럼 전설의 새 이지만 알게 모르게 우리 민족의 삶에 함께하고 있으며 오백원 주화에도 새겨져 있고 여러 곳의 지명으로도 우리에게 전해지는 것을 알고 있다. 그래서 누구에게나 위로가 되는 학의 모습과 닮은 어른의 모습을 표현하기 위해 운중백학의 차살림법을 공부하고 연구하였다.

보를 삶고 정리하다 보면 작은 귀찮음이 스스로를 성장시키는 힘이 됨을 알기에 햇볕 쨍한 날, 하얗게 걸린 명상보로 우려낸 맑은 녹차는 스트레스와 정신적인 어려움을 겪는 이 시대를 사는 현대인들의 위로이며 명상에 꼭 필요한 음료가 되고 있음을 확신하기에 가끔은 느림의 미학으로 모두를 초대하여 차와 명상을 함께 나누는 시간을 꿈꾸어 본다.

의식다례(儀式茶禮)

홍성숙

(사)원유전통예절문화협회 이사
경기 지부장

서언(序言)

다도(茶道)는 찻잎 따기부터 달여 마시기까지 몸과 마음을 수련하는 행위이자 차를 달여 예법으로써 손님에게 접대하는 활동을 말하며, 더 나아가 각종 의례로 전승된 전통문화 중 하나이다. 차는 처음에 약용으로 사용되다가 점차 생활 속에 스며들어 기호식품화 되었다. 현대에 와서는 건강식품으로 부상하였으며 다도를 통한 정서 안정, 심신 수련 등 정신문화 영역으로까지 확대되었다. 예로부터 조상들은 차 문화의 한 면을 차 의례(儀禮)를 통해서 표현해 왔는데, 이러한 차 의례를 통해 개인적으로는 귀한 손님과 웃어른께 존경과 감사의 의미를 담아 예를 올렸고, 국가적으로는 연등회(燃燈會), 팔관회(八關會)와 국가 행사, 세자 책봉 의례 및 공주의 혼례와 같은 왕실 행사, 외국 사신의 접대연 등에서 헌다례(獻茶禮), 진다례(進茶禮), 접빈다례(接賓茶禮) 등으로 예를 올렸다. 오늘날 많은 사람과 단체의 노력과 재현으로 전통 방식의 의식 다례가 계승되고 있다. 조상의 넋을 기리거나 나라를 위해 헌신하신 분들을 추모하는 의식, 종교 행사, 지역 행사, 단체 행사 등에서 존경, 사랑, 감사의 마음을 담아 헌다례 및 진다례 의식을 거행하며 우리의 전통문화를 계승, 발전시키고 있다.

(사)원유전통예절문화협회 역시 전통 방식의 의식 다례 시연을 통해

우리 전통문화의 우수함을 알리고 계승, 발전시키는 데 앞장서고 있다. 또한 다양한 다도 행사를 통해 전통문화 예절을 체험할 수 있는 기회를 제공하며, 빠르게 변화하는 시대를 살아가는 현대인들에게 요구되는 건강한 정신문화를 정착시키는 데 일조하고 있다. 이에 오늘날까지 이어지고 있는 의식 다례 중 헌다례와 진다례에 대해 알아보고, (사)원유전통예절문화협회의 다법과 시연 사례를 소개하고자 한다.

헌다례의 의의

헌다례는 돌아가신 분의 위엄(威嚴)을 기리고 그 정신을 본받고자 생일(生日)이나 기일(忌日), 사회적 기념식을 행할 때 차를 올리거나, 어떤 대상의 상징물에 자기의 소원 성취를 발원하고자 깨끗하고 경건한 마음으로 차를 올리는 의례이다. 기우제(祈雨祭), 공덕제(功德祭), 기원제(祈願祭), 조상의 사당(祠堂)에 차를 올리는 의식 및 사찰(寺刹)에서 행해지는 불전 헌다례인 육법공양(六法供養) 의식 등이 있다. 의식에 올린 차는 소원 성취를 축원(祝願)한 것으로 행운의 기운을 담고 있어, 의식이 끝나면 차를 고루고루 나누어 마시기도 한다.

헌다례에서는 차의 맛과 향, 보온성(保溫性)을 높이기 위해 뚜껑이 있는 탁잔(卓盞)을 주로 사용한다. 이는 사람의 입김과 콧김이 들어가지 않게 한다는 의미로 사용하는데, 헌다례 시 때로는 정병을 사용하기도 한다.

의식다례에 필요한 차도구 명칭

1) 차도구 배열

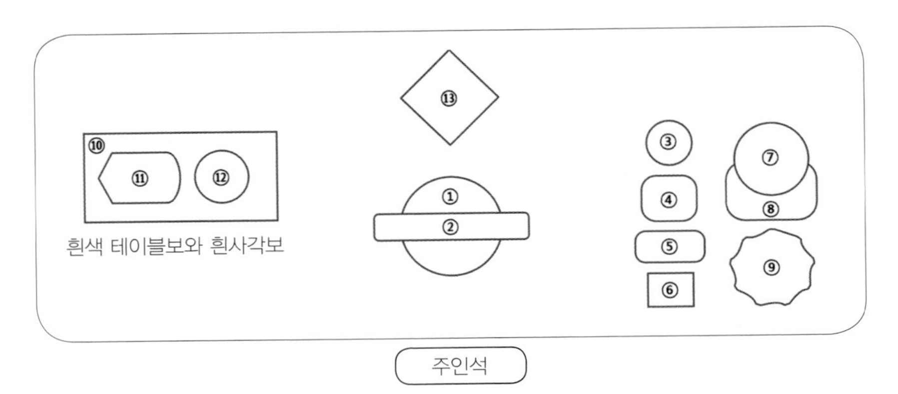

차도구 外	규격
헌다잔 받침보	23.5 X 23.5cm
헌다예반	35 X 25cm
헌다예반포	73 X 25cm
흰 사각보	100 X 100cm

※그 외 차를 우릴 때 필요한 다구는 접빈다례와 동일하다.

헌다례의 행다(行茶)

1) 배다례(拜茶禮) (차를 정성껏 우리겠다는 예)

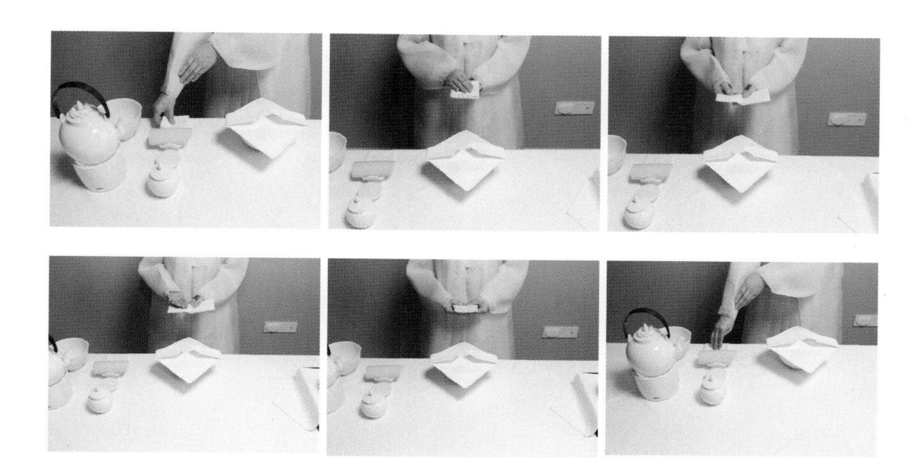

2) 차수건을 가져와 오른손, 왼손을 닦고 차건을 가져와 차수건 위에 올려서 제자리에 놓는다.

3) 원유보 펴기 잠시 공수한다. 두 손을 보 위에 살포시 올리고 두손으로 보의 양쪽을 잡아 동시에 편 다음 보 가운데로 모아 오른손으로 바깥보를, 왼손으로 안쪽보를 잡고 편다. 두 손을 모아 가운데를 살짝 눌러 차 넣을 공간을 만든다.

4) 차 넣기(녹차의 경우 5g) 차칙을 가져와 왼손에 놓고 차건으로 닦는다. (차칙 위, 아래 순) 오른손으로 차합를 가져와 차합의 입구가 앞을 향하여 차칙 좌측 가까이에 댄다. 좌우로 굴리면서 차를 덜어 낸다. 차합을 제자리에 놓은 후 차칙을 돌려 잡은 다음 보 중앙에 차를 넣고 차칙도 제자리에 놓는다.

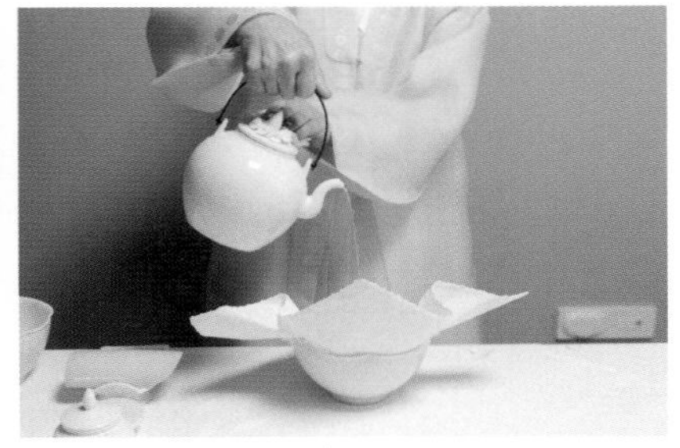

5) 탕수 따르기 차건을 가져와 왼손에 놓고 탕관 뚜껑은 잘 누른 후 물줄기가 일정하도록 보다완의 중앙에 탕수를 따른다. (200cc)

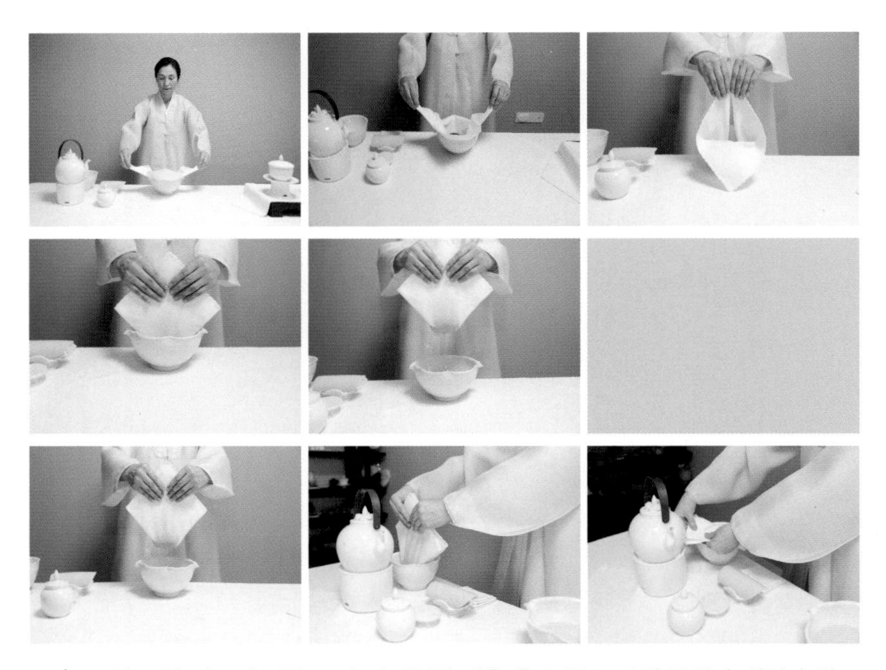

6) 보 접고 차 따르기 보를 모아 가지런히 접은 후 보를 2~3회 들었다 내렸다 반복하며 차를 우린다. 마지막 15~20방울 찻물이 떨어지기를 기다린 후 보를 보조 다완으로 옮긴다.

7) 정병에 차 따르기 헌다잔을 들어 헌다잔 받침보에 놓는다. 오른손으로 정병의 뚜껑을 열어 우린 차를 정병에 따른다.

8) 헌다례

① 단상 앞에 3인이 선다.

② 3인은 2-3보 앞으로 걸어간 후 중앙을 중심으로 선 후, 오른쪽(헌다잔)과 왼쪽(정병)에 선 사람은 단상 가까이 걸어가 선다. 중앙에 선 사람은 1보 뒤로 물러나 선다.

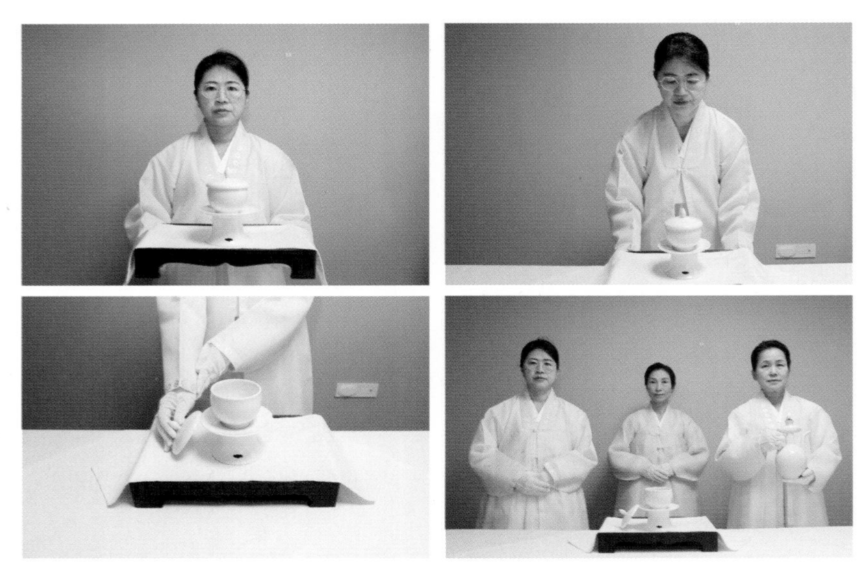

③ 오른쪽에 선 사람은 들고 있는 헌다 예반을 단상에 내려놓고, 헌다잔 뚜껑을 연 후 다시 제.자리에 선다.

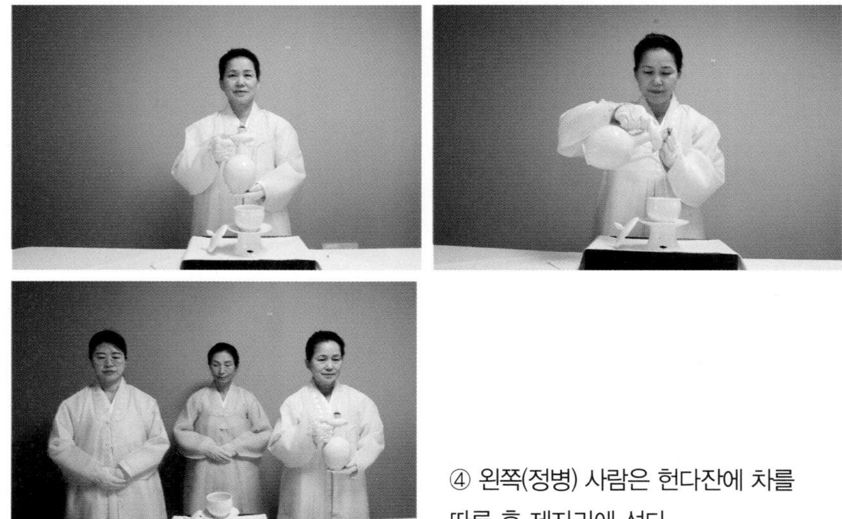

④ 왼쪽(정병) 사람은 헌다잔에 차를 따른 후 제자리에 선다

⑤ 중앙에 선 사람은 단상 앞으로 서고 양쪽 사람은 뒤로 1보 물러난다.

⑥ 헌다잔 뚜껑을 닫는다.

⑦ 헌다잔을 잡는다.

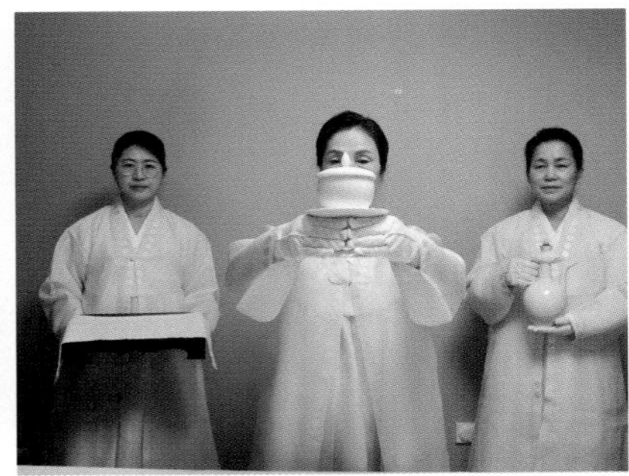

⑧ 오른쪽 사람이 예반을 들어 내면, 중앙에 선 사람은 헌다 잔을 들어 올린 후 예를 하고 잠시 후 잔을 단상에 내려 놓고 뚜껑을 연다.

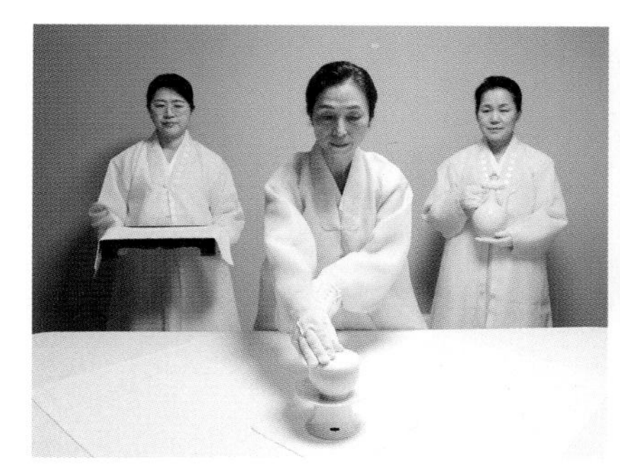

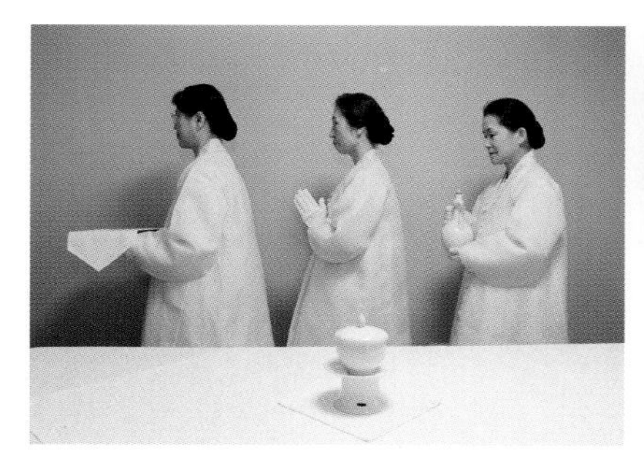

⑫ 두손을 모아 합장하여 다같이 반배를 올린 후 잔 뚜껑을 닫는다.
예를 마친 후, 3인은 오른쪽 방향으로 돌아 나간다.

맺음말

"차는 우리 삶의 선물이다."

따뜻한 차 한 모금 입에 머금었을 때 느낄 수 있는 쓴맛, 떫은맛, 신맛, 짠맛, 그리고 단맛의 절묘한 조화는 우리에게 늘 행복한 감정이 들게 합니다. 차의 다섯 가지 맛이 적절하게 어우러져 차의 맛을 이루듯이, 우리네 삶도 기쁨과 슬픔, 행복과 아쉬움 등이 얽히고설켜 흘러갑니다. 이렇듯 우리의 인생살이와 닮은 차의 매력은 한마디로 형용할 수 없는 무한한 우주의 신비처럼 오묘하게 느껴집니다. 살아온 방식과 삶의 흔적은 서로 다르지만 차의 매력에 빠져 '차'를 매개로 인연을 맺은 우리 세 사람은 (사)원유전통예절문화협회 전재분 이사장님의 정성과 섬세한 가르침 아래 20여 년간 차향여정(茶香旅程)을 함께하고 있습니다. 길다면 길다고도 할 수 있는 시간 동안 전재분 이사장님의 다양한 다례법(茶禮法)의 행다(行茶)와 이론을 몸과 마음으로 배우고 익혀, 지금은 각자의 자리에서 교육활동도 펼치고 때로는 한 팀으로서 다양한 행사에서 시연 활동을 이어오고 있습니다.

(사)원유전통예절문화협회의 전재분 이사장님은 우리의 선조들이 찻잎이나 찻가루를 거르는 역할로 천을 사용하였던 사실에 착안, 한국인의 일상 속에서 많이 사용하고 있는 보자기를 활용하여 전통적인 다례법을 기반으로 '나눔과 섬김'의 의미를 내포한 창의적인 다례법을 고안하고 특허청에 출원 · 등록하여 '반가원유보다례(접빈다례, 헌다례 · 진다례, 돌맞이다례 등)'를 완성하였습니다.

이 책은 우리가 그동안 시연한 원유다례법 중 의식 다례를 중심으로 배우고 익힌 반가원유보다례법의 이론과 행다법을 체계적으로 정리해 놓는 데 의미를 두었습니다.

사람을 존중하고 귀하게 여기는 마음, 의식 다례

역사적으로 차는 처음에 약용으로 사용되다가 점차 생활 속에 스며들어 이젠 건강 음료의 하나로 자리 잡기도 하였고, 행다를 통한 정서 안정, 심신 수련 등 정신적 영역으로까지 확대되었습니다. 우리의 선조들은 자연 속에서 산천을 벗 삼아 다양한 차 문화를 향유하면서, 사람을 존중하고 감사하는 의미 등을 담은 의식 다례를 통해 예를 표현하였습니다.

이 책에서 보여주는 우리 전통 의식 다례에 기반한 "반가원유보다례"의 시연 활동 등이 전통 차 문화의 계승, 발전과 보급에 조금이나마 도움이 되길 기대하며, 그동안 헌신적으로 지도해주신 전재분 이사장님의 열정에 감사의 마음을 드립니다.

연년익수(延年益壽) 오방오낭차

민정은

(사)원유전통예절문화협회 이사

김정신 고문
김태숙 부회장
서화순 이사
민정은 이사

연년익수 오방오낭차

연년익수 오방오낭차란 오방 즉 동, 서, 남, 북과 중앙 다섯 방향에 따라 다섯 가지 색과 기운(에너지)이 있어, 삼라만상 우주의 기운을 모아 다섯 개의 보에 복을 싸듯 차를 담아 여럿이 함께 정성껏 우려 마시는 차 우림법으로, 해에 해를 더하여 오래도록 장수하기를 바라는 염원이 담긴 '반가 원유 보다례'법 중 하나이다.

오방색은 청, 홍, 황, 흑, 백색으로 모든 색의 근원이면서 음양오행의 철학적 사상에 기반을 둔 상징적인 색으로서, 상생과 조화를 지향하는 우리 민족의 가치관을 나타내는 색이며, 생활 전반이나 민간 신앙으로서도 사용할 만큼 귀한 색이다. 선조들이 오방색을 즐겨 활용한 것은 만물의 조화로운 기운을 통해 복을 받고자 하는 강력한 의지를 나타낸다고 볼 수 있다.

오방오낭차는 주인이 혼자 차를 우려 손님께 대접하는 것이 아니라, 손님들과 함께 차를 우리고 서로 차를 나눠 마신다. 청, 홍, 황, 흑, 백의 오방색 차호에 시절에 어울리거나 찻자리에 참석하는 손님께 어울리는 다섯 가지 차를 선택하여 각각 1~3그램씩 담고, 손님들이 각자의 차낭에 차를 담아 그것을 시루에 돌려가며 담고 탕수를 부어 차를 우린 다음 각자의 찻잔에 나눠 마시는 과정을 통해 복을 나누듯 차를 나누고 잔치처럼 즐기는 차 놀이와도 같은 보다례법이다.

오방오낭차의 특징은 차를 보에 담고 싸고 펼치는 것을 통해 복을 나눈다는 의미와 함께, 흰 무명천과 질그릇 옹기와 시루를 활용한 소박한 차살림 도구를 사용한다는 점이며, 다섯가지 차를 어떻게 조합하느냐에 따라 새롭고 다양한 맛과 향을 즐길 수 있다는 것이다. 자신이 좋아하는 차의 맛을 찾아 여러 가지 가능성을 시험하는 블렌딩 과정을 통해, 차의 성품을 명확히 알아가는 즐거움과 창의적인 학습의 기회가 될 것이다.

참고로 그동안 차회에서 사용하였던 몇 가지 차 블렌딩 내용을 소개하겠다.

–녹차(세작)3g, 백차(백호은침)2g, 청차(안계철관음)2g, 연잎차2g, 연배아1g

–홍차(정산소종)2g, 황차(하동차)2g, 청차(대홍포)2g, 청차(봉황단총)2g, 아포차1g

–흑차(보이숙차)3g, 오디3g, 구기자3g, 똘배3g, 대추 2알, 침향잎차 1장

차살림 도구

차호 5개(청,홍,황,흑 백색), 차호반

큰보 1개(가로, 세로 각 21cm)

작은보 5개(가로, 세로 각 17cm)

다건 5개(가로 28, 세로 14cm)

시루1개(지름 13, 높이 9cm), 시루받침

다완 1개(지름 13, 높이 9cm)

찻잔 및 찻잔받침 5개

탕관,포자,포자받침,집게,반,

차도구 준비

차도구 준비

찻잔과 차호를 탁자위에 배치하고 찻잔받침 위에 오방차낭을 놓고 그 위에 다건을 포개어 놓아둔다.

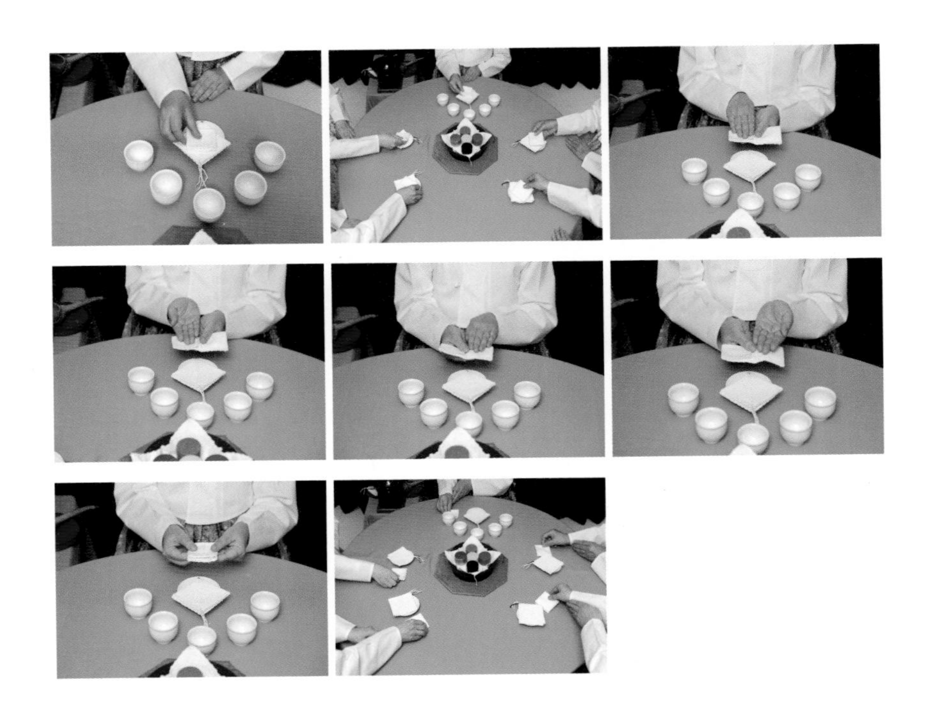

주인과 손님은 각자 다건을 가져와 가볍게 손을 닦은 후 찻잔받침 오른쪽에 내려 놓는다.(오른손 손바닥 손등, 왼손 손바닥 손등 순서)

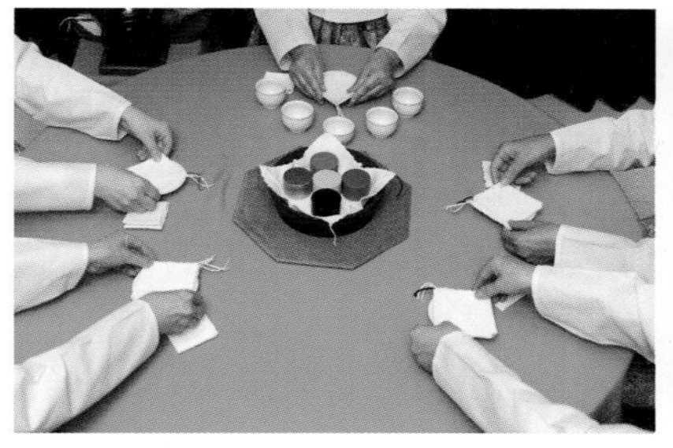

오방차낭에 차 넣기

각자 자기 앞에 있는 차낭을 두손으로 잡고 바로 세워 차를 넣을 준비를 한다.
이때 차낭의 오방색실 부분이 바깥쪽에 오도록 잡고 잠시 숨을 고른다.

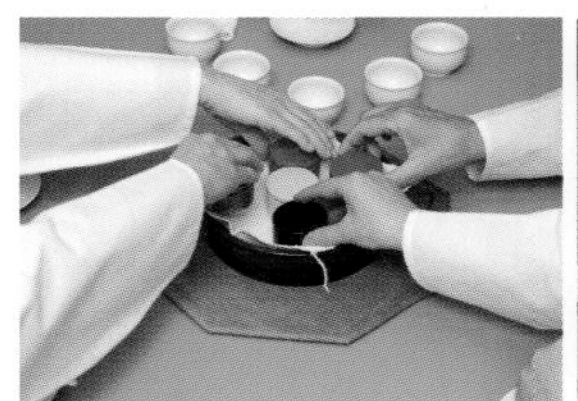

각자 차호를 앞으로 가지고 와 차낭에 살포시 대고 중앙에 차를 넣는다(손님은 동시에 먼저 가져오고 주인은 나중에 가져온다)

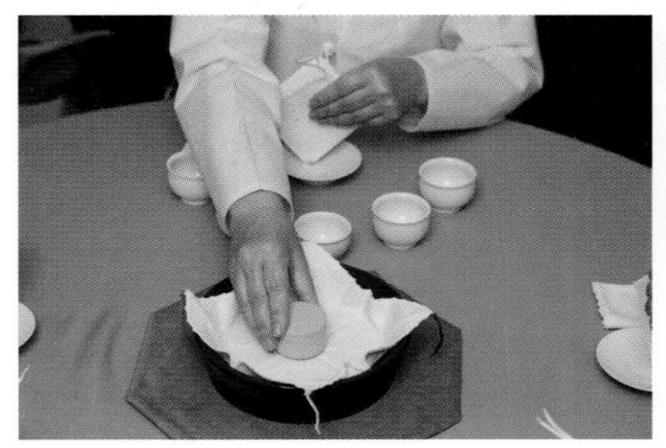

주인이 먼저 차호를 제자리에 가져다 놓고 손님들도 동시에 가져다 놓는다.

차낭을 잘 정리하여 찻잔받침 위에 내려 놓고 주인은 찻잔받침을 왼쪽으로 옮겨 놓은 다음 보조탁자 위에 있는 다완과 시루, 포자를 차례로 주인 앞으로 가져온다.

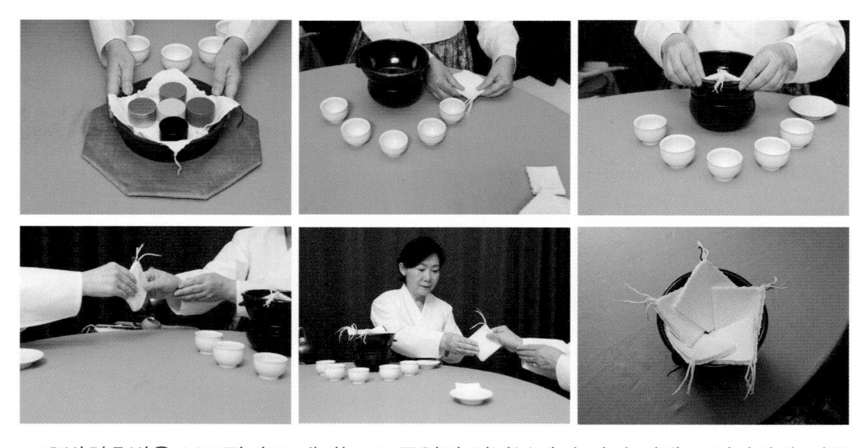

오방차호반은 보조탁자로 내려놓고, 주인의 차낭부터 손님 순서대로 전달받아 시루에 둥글 게 돌려가며 담는다.

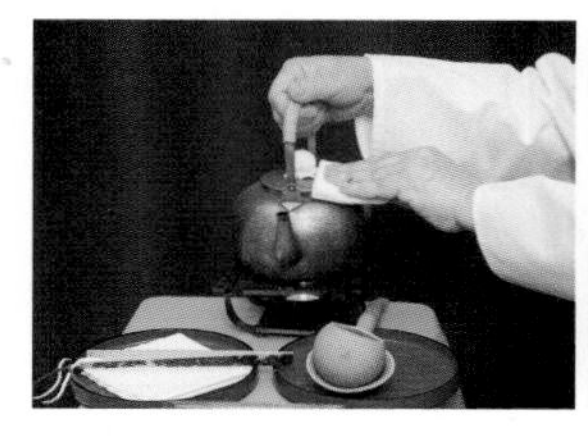

– 윤차하기

다건을 오른손으로 들고 왼손에 옮겨 쥔 다음 탕관을 가져와 탕관부리가 시루 중앙에 오도록하여 천천히 탕수를 따른 후 탕관을 제자리에 가져다 놓고 윤차되길 기다린다.

윤차되는 동안 주인은 오방오낭차의 의미와 다섯가지 오늘의 차에 대하여 손님께 설명한다.

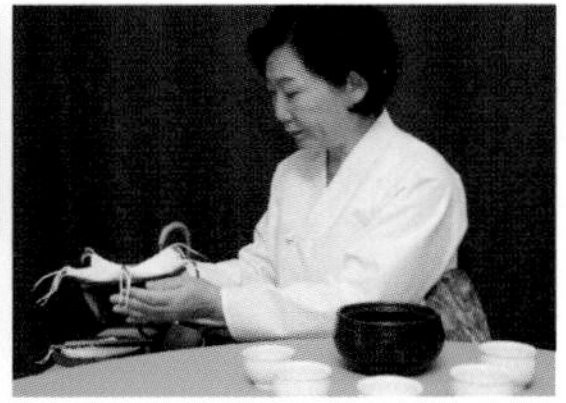

– 차 우리기

다시한번 탕수를 시루의 오방차낭 위에 따라주고 차가 우러나기를 잠시 기다린 다음에 두손으로 시루를 들고 찻물이 마지막 한방울까지 떨어진 다음에 시루를 보조 탁자로 내려 놓는다.

주인이 다건을 왼 손에 잡고 포자를 가져와 어른잔부터 차례로 차를 떠서 담고, 손님 가까이 옮겨주면 각자 자기 찻잔을 들어 찻잔받침 위에 올려 놓는다.

주인은 다완 위에 포자를 엎어 탁자 중앙으로 옮겨 놓은 다음 찻잔을 앞으로 옮긴다.
다같이 가볍게 예를 한 다음 어른부터 찻잔을 들고 세 모금에 나누어 차를 마신다.

첫 잔을 다 마시면 찻잔을 찻잔받침에 내려 놓고 어른부터 포자를 들어 차를 떠서 담은 후 포자를 옆사람이 잡기 편하게 다완 위에 놓아 둔다.

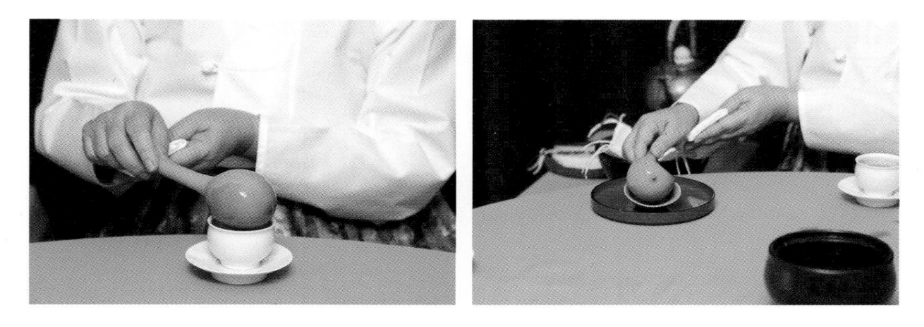

주인은 마지막에 차를 떠서 담고 포자는 포자받침 위에 올려 놓은 다음에 다같이 차를 마시며 다담을 나눈다.

두 우림차 우리기와 차마시기

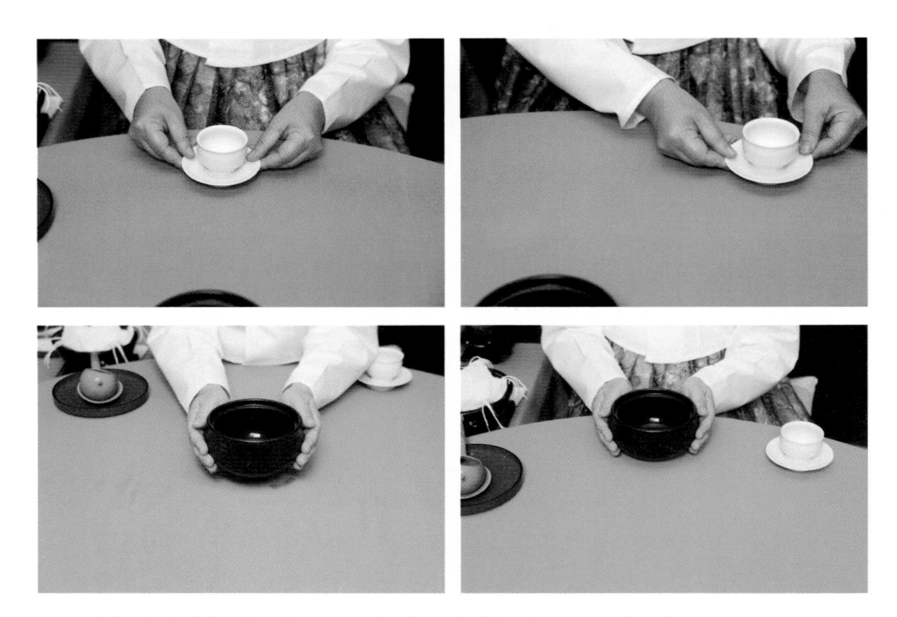

주인은 자신의 찻잔을 왼쪽으로 옮기고 다완을 앞으로 가져온다

보조탁자 위에 있는 큰 오방차낭과 집게가 놓인 반을 가져와 다완 오른쪽에 놓고 집게는 포자받침 반에 옮겨 놓는다.

두 손으로 큰 오방차낭을 들어 다완 중앙에 놓고 앞, 양옆, 뒤 순서대로 차낭을 펼친다.

다건을 잡고 탕관을 가져와 적당한 높이에서 천천히 탕수를 따른 후, 큰 차낭을 잘 접어 정리한 다음(양옆, 앞 ,뒤의 순서) 두 손으로 차낭을 잡고 천천히 들었다 내렸다 3회 반복하면서 차를 우리고 차낭에서 찻물이 마지막 한방울까지 떨어진 다음에 보조탁자 위의 시루에 내려 놓는다.

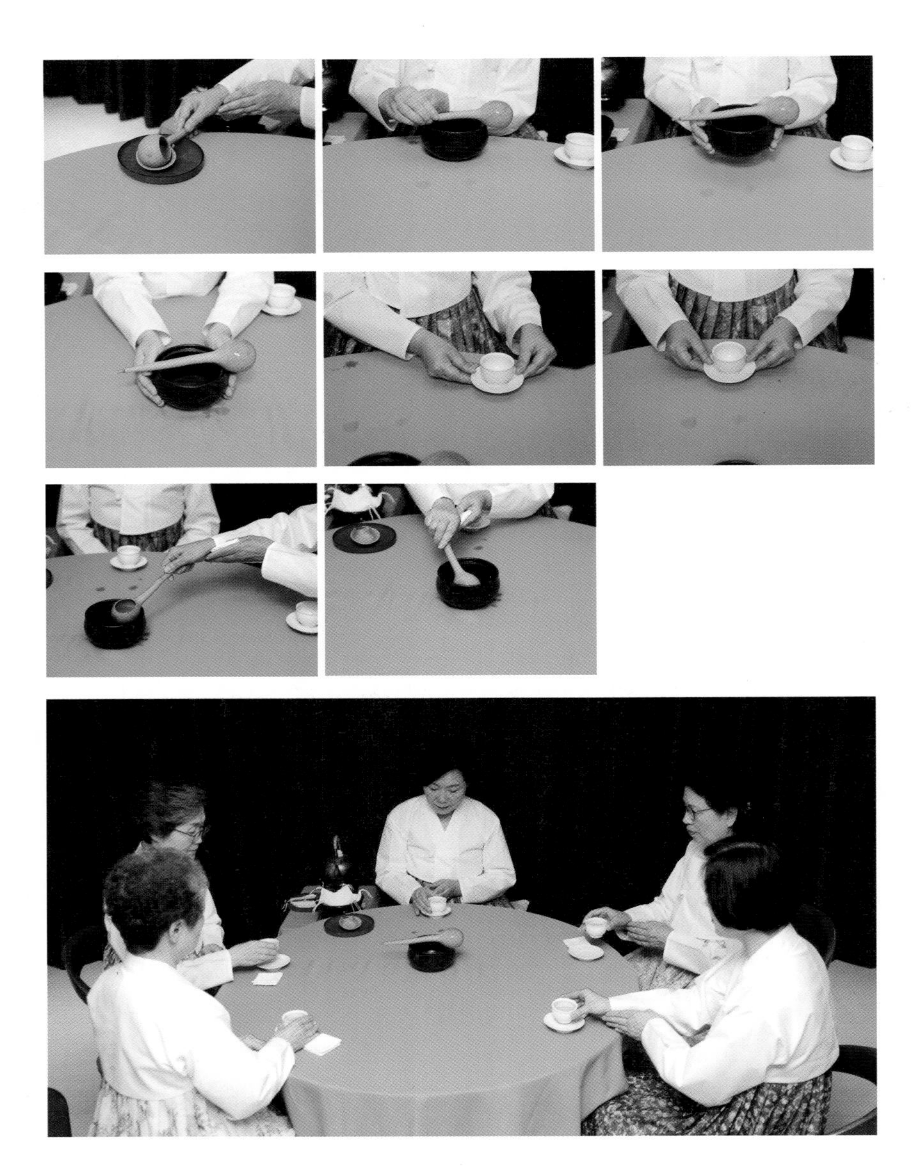

주인이 다완 위에 포자를 얹어 탁자 중앙으로 옮겨 놓고 자기 찻잔을 앞으로 옮기면, 어른부터 차례로 차를 담고 다같이 차를 마신다.

차도구 정리하기

차를 모두 마시고 나면 주인은 찻잔을 왼쪽으로 옮기고 다완을 앞으로 가져온 다음, 보조탁자 위에 있는 시루를 가져와 다완 위에 얹어서 다시 보조탁자로 내려 놓고 포자받침 반도 내려 놓는다.

마무리 하기

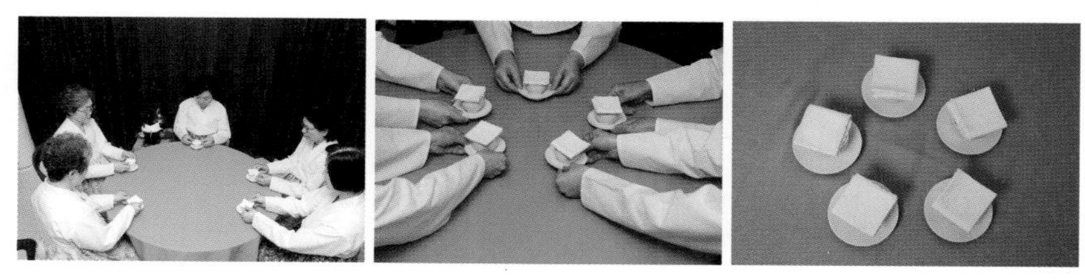

각자 자신의 다건을 찻잔 위에 올려 놓고 찻잔받침과 함께 두 손으로 들고 탁자 중앙에 모아 놓은 후 잠시 숨을 고르고 다같이 예를 하고 마무리한다.

운중백학 다원결의

유민형

(사)원유전통문화예절협회 이사

운중백학 다원결의

다원결의(茶園結義)는

도원결의(桃園結義)를 차용한 것으로, 다원은 우리말로 '모두 다 원하는, 모두 다 사랑하는 사람'이라는 의미이며, 결의는 '뜻이 맞는 사람들이 하나의 목적을 위해 모임을 결성하고 그 목적을 이루기 위해 같이 행동하기로 맹세하는 것' 을 일컫는 말이다.

나관중이 지은 〈삼국지연의〉에서는 한나라말 황건적이 세상을 어지럽히자 유비, 관우, 장비가 이를 물리치고 인민을 구제하기로 도원(挑園)에서 결의하면서, 의형제를 맺고 "마음과 힘을 합해 위로는 나라에 보답하고 아래로는 백성을 편안케 하려고 하오니 한 해 한 달 한 날에 태어나지 못했어도 한날한시에 죽기를 원합니다."라는 서원을 세운다. 이때부터 이들은 어려움을 함께하며 우애가 변치 않았다고 하며 후대 결의의 모범으로 알려진 내용이다.

다원결의(茶園結義)는 차로 맺은 달콤 쌉싸름한 만남을 운중백학의 차 살림법으로 표현한 것이다.

다원결의(茶園結義) 특징

하얀 순백의 차꽃은 꽃잎 한 장 한 장마다, 고(苦), 감(甘), 산(酸), 함(鹹), 삽(澁)이라는 차의 오미(五味), 즉 다섯 가지 맛(쓰고, 달고, 시고, 짜고, 떫은 맛)이 있다고 한다.

차나무 잎을 따서 향을 맡고 차를 우려 마심으로써 고귀한 향, 아름다운 맛, 오미(五味)의 맛을 느끼면 말하지 않더라도 다원결의가 되며, 그 아름다움을 표현하면 다원결의 차살림법이 된다.

(사)원유협회의 다원결의 차살림법에서 차선을 풀고 바루를 예온하며 마음을 가다듬고, 화합을 도모하여 평화로 향해간다는 뜻이 내포되었음을 알 수 있다. 운중백학의 다원결의는 말차와 바루로 다원에서 함께한 다짐의 순간을 표현하였으며, 행다(行茶) 중에 '결의'가 어떤 부분에 있는지 주의 깊게 관찰하면 다원결의가 차꽃으로 소담하게 피는 순간을 맞이하게 될 것이다.

다산 · 초의 · 추사의 다원결의(茶園結義)

우리나라에서 가장 널리 인용되고 가장 높은 완성도를 보이는 차서(茶書) 《동다송》(1837)의 저자 초의가 다성이 되기까지 그를 다듬고 빛낸 인물이 있다. 바로 다산 정약용과 추사 김정희가 그들인데, 이 둘은 유학과 실학, 글과 그림에서 두각을 드러냈던 역사적 위인임은 재차 말할 필요가 없다.

다산은 1762년생의 유학자로, 강진에서 유배 중이던 1809년에 학문적 교류가 있던 혜장 스님의 소개로 48세의 나이에 24세의 초의를 만났다. 당시 다산은 이미 차를 덖거나 찌며 자신만의 제다(법제)의 방법을 찾아서 주변 사찰에 차를 전하고 음다법을 가르치고 있었다. 당시 유학자인 다산과 승려인 초의가 주변의 상황으로 인해 자주 만나 학문을 나누기가 어려워지자 서신으로 학문을 전한 사실은 너무도 유명하다. 이들의 서신이 차 문화에 큰 영향을 미쳤다.

이는 초의와 추사의 서신에서 역시 마찬가지다. 1843년 초의는 유배지에서 추사와 함께 반년가량 지내며 '서로를 사모하고 아끼는 도리를 잊지 못하는 사이'라고 하였고, 추사는 초의에게 1838년부터 1850년까지 오십여 통의 걸명(乞茗 차를 청하다) 서신을 남겼다.

초의와 추사는 동갑내기 친우이며 다우였다. 추사 유배지에서 동고동락하기도 하였고, 서신으로 꾸준히 교류하면서 제다(製茶)와 보관 그리고 발송에 대한 유의 사항 등을 나누기도 하였고, 아끼는 제자를 소개하기도 하는 등 둘도 없는 관계였다. 다산, 초의, 추사 이 세 사람은 학문과 차를 바라보는 시선으로 소리 없는 도원결의를 맺었다.

고려 이후 식었던 차 문화를 오랜 시간이 지난 조선 후기에 다시 견고한 서문으로 남겼으니 후대 차인으로서 참으로 감사하면서도 다행스럽게 생각하는 일이다. 1836년에 다산 작고(作故), 1856년 추사 작고, 1866년 초의 작고, 도원결의 맺고 한날한시에 죽기를 원했던 유비, 관우, 장비 역시 결의대로 생을 마감하지는 않았다. 후대의 시선으로 본 다산과 초의 그리고 추사는 도원결의를 맺은 적은 없으나, 시대를 아우르는 어른들이었다. 또한 진정한 의미의 다원결의를 운중백학(雲中白鶴)의 삶으로 남겨주셨기에, 더욱 정진하는 마음으로 차살림을 펼쳐야겠다는 마음가짐을 느낄 수 있다. 운중백학의 다원결의는 말차와 바루로 다원에서 함께한 다짐의 순간을 표현하였으며, 행다 중에 '결의'가 어떤 부분에 있는지 주의 깊게 관찰하면 다원결의가 차꽃으로 소담하게 피는 순간을 맞이하게 될 것이다.

차 살림 준비

백학반	결의 다포(cm)	차(g)/물(cc)
주인:(1바루)	결의 다포	주인(차:3.5g 물:60cc)
1빈 :(2바루)	가로: 50cm	1빈 (차:3g 물:50cc)
2빈 :(3바루)	세로: 50cm	2빈 (차:2.5g 물:40cc)
3번 :(4바루)	보조다포	3빈 (차:2g 물:30cc)
차호:(5바루)	가로:30cm	차호 (차합계 : 11g)
중앙반:(뚜껑)	세로:35cm	
보조다포:(퇴수기)	차건	
차시	가로:21cm	
차선	세로:11cm	
차선대		
탕병/탕병받침		

차도구 배열

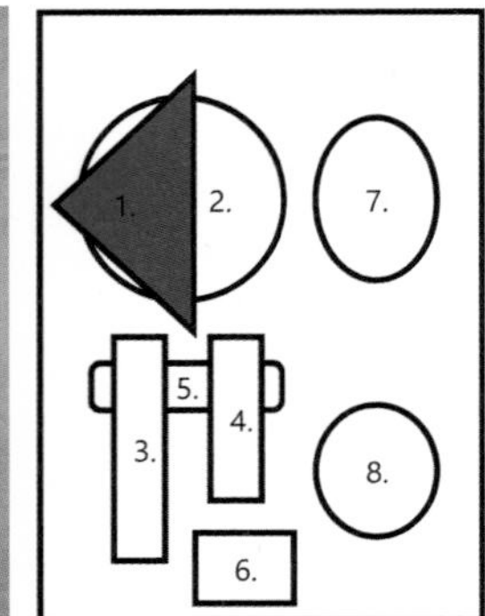

1. 결의다포
2. 5바루
3. 은차시
4. 차선
5. 차선대
6. 차 건
7. 탕병
8. 퇴수기

다원결의 차살림법 순서

1. 차를 정성껏 우리겠다는 예를 한다. (拜茶)

결의다포 펴는 순서

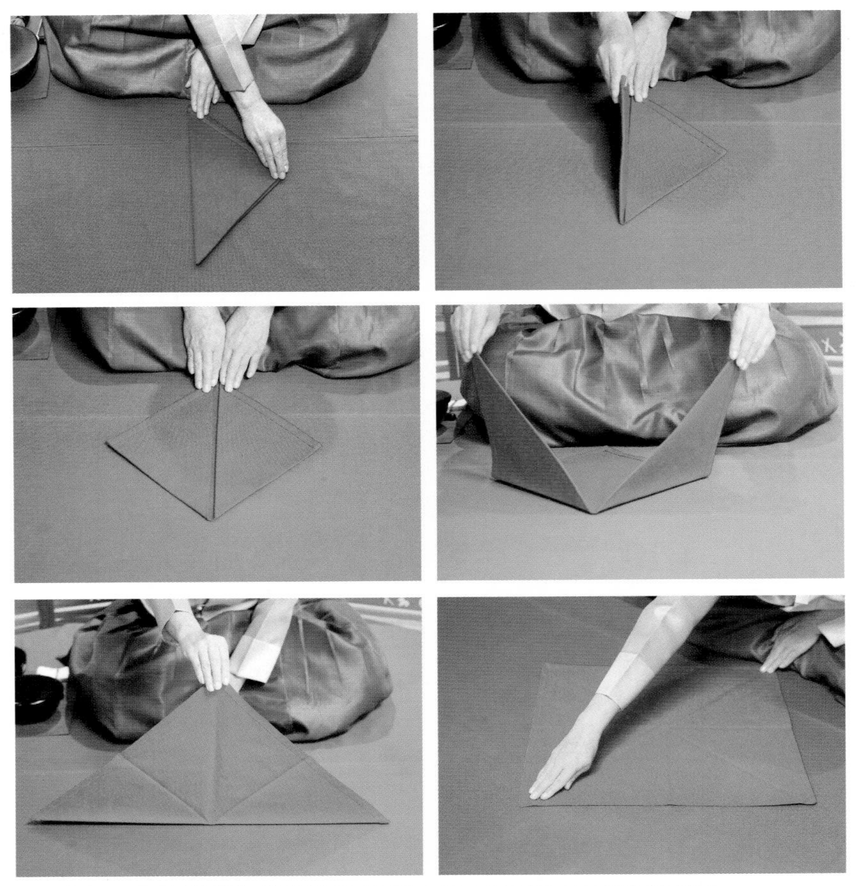

2. 〈다포 펴기〉 백학반 위의 결의다포를 들어 몸 중심에서 멈춘 후 편다.

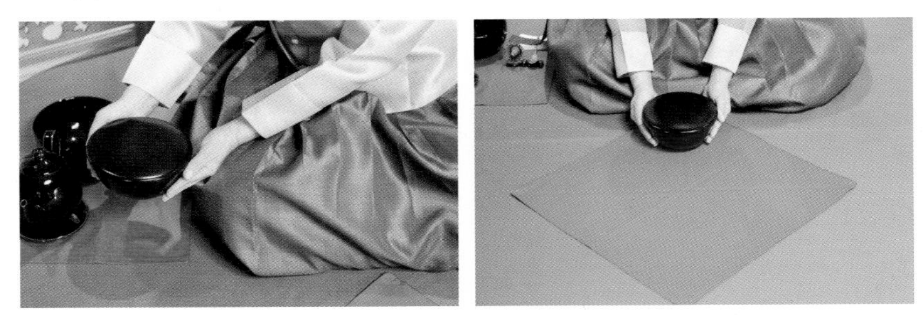

3. 잠시 마음을 고른후 백학반을 들어 결의다포 아래부분에 놓는다.

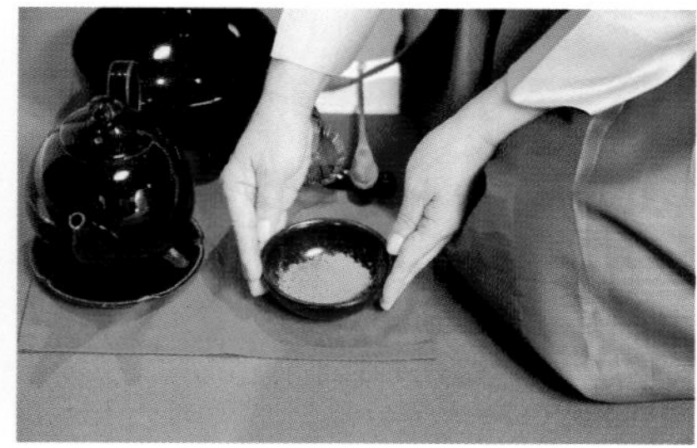

4. 백학반 뚜껑을 직선으로 열어 결의다포 중앙에 놓고 차호는 보조 다포 위 제자리에 놓는다.

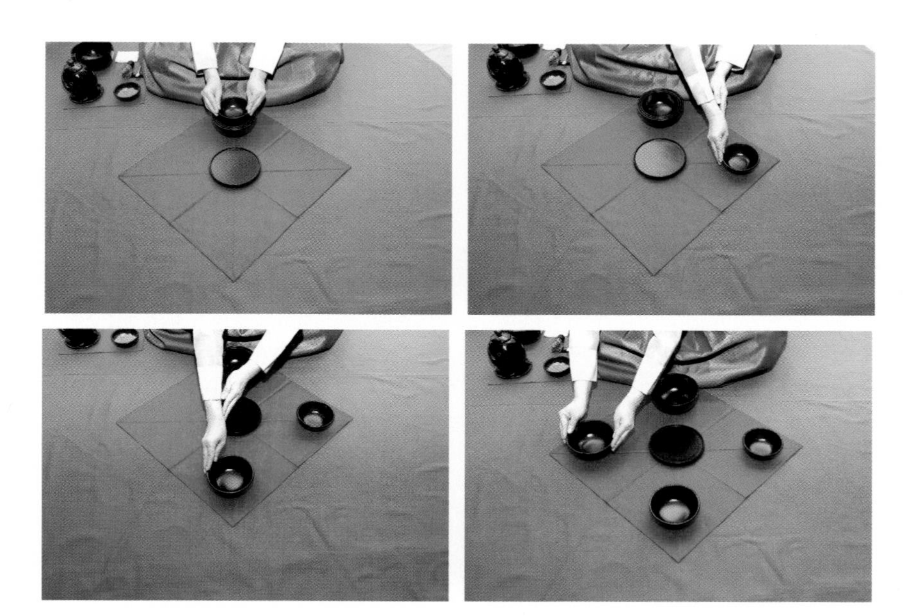

5. 〈백학반 순서대로 놓기〉 주인은 백학반을 3빈—2빈—1빈—주인 순서로 정리하여 놓는다.

6. 〈예열하기〉 주인은 탕병을 들어 백학반에 탕수를 따르고 탕병을 중앙반에 놓으면 1빈—2빈—3빈순서로 탕수를 따르고, 주인은 탕병을 제자리에 놓는다.

7. 주인이 차선을 들어 1-0-8을 그려 차선대에 놓고 퇴수기를 중앙반 위에 놓는다.

8. 주인은 빈들과 함께 백학반을 들어 아래쪽으로 기울려 오른쪽으로 돌려 예온 하면서 마음을 모아 다원결의 뜻하는 행위로 퇴수기에 버린다. (桃園結義-손 모양 꽃심)

9. 〈차를 넣기〉 주인이 두 손으로 차호를 가져와 왼손에 옮겨 들고, 오른손은 차시를 들어 차를 백학반에 넣은 다음, 차시를 중앙반 아래쪽에 놓고 차호는 중앙반 가운데 두 손으로 놓는다.

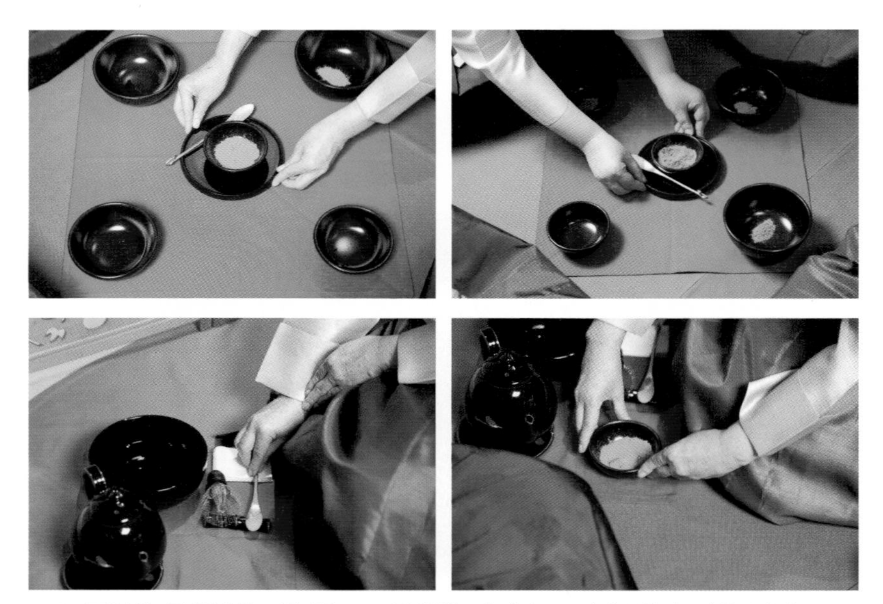

10. 주인은 중앙반을 1빈 쪽으로 방향을 바꿔 놓으면 (6번)과 같은 방법으로 1빈, 2빈, 3빈 순으로 차를 넣고 주인이 차시는 차선대에 차호도 제자리에 놓는다.

11. 주인은 탕병을 들어 탕수를 따르고 중앙반 위에 놓으면 6번과 같은 순서로 차빈들이 탕수를 따르고 주인이 탕병을 제자리에 놓는다. (6번 참조)

12. 주인이 차선을 들어 천지인 정면점–일발점으로 연결하여 격불하고 차선을 중앙반 위에 놓으면 1빈—2빈—3빈 순으로 주인과 같은 방법으로 격불하고 주인은 차선을 차선대에 놓는다.

13. 〈차 마시기〉 예를 하고 빈들과 같이 운유(雲乳)가 담긴 백학반을 들고 천천히 나눠 마신다.

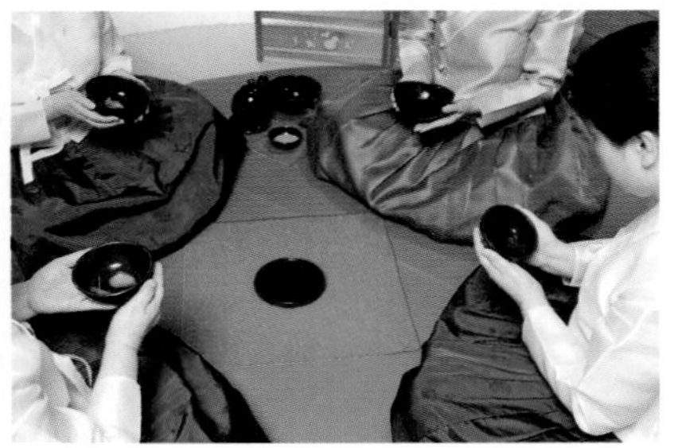

14. 〈백탕 마시기〉운유(雲乳)를 충분히 음미(飮味)한 다음 탕병을 들어 탕수를 (6번)과 같은 순서로 따른 후 주인이 탕병을 제자리에 놓으면 빈(茶友)들과 함께 백탕을 마신다.

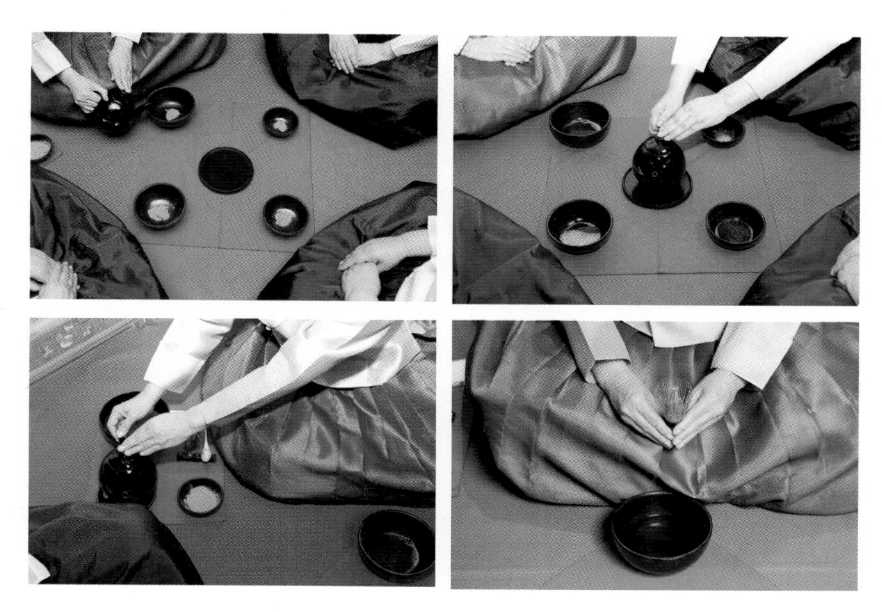

15. 〈설겆이〉탕병을 들어 주인이 먼저 설거지 물을 따르면 (6번)과 같은 순서로 탕수을 따르고 주인이 탕병을 제자리에 두고 차선을 들고 와 1-0-8을 그려 차선을 씻어 제자리에 놓는다.

16. 〈설겆이 물 버리기〉 퇴수기를 중앙반 위에 올려놓고, 빈들과 함께 백학반을 들어 아래쪽으로 한 바퀴 돌려서 동시에 꽃 모양으로 손을 모아 결의를 하듯이 퇴수기에 버리고 퇴수기를 제자리에 놓는다.

17. 차건을 들고, 먼저 중앙반을 왼쪽–오른쪽–가운데 부분을 닦는다.

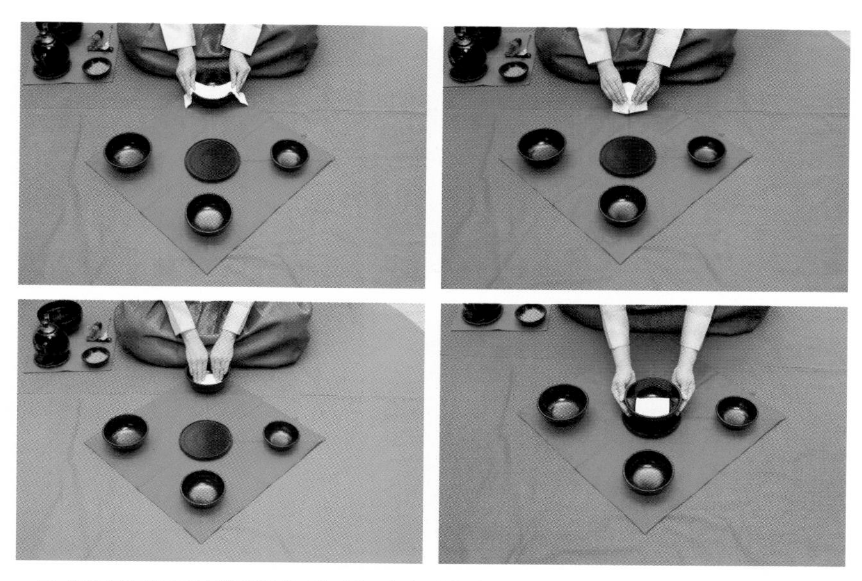

18. (정리하기) 주인 백학반은 차건을 펼쳐 닦은후, 차건을 백학반 안에 넣고 중앙반 위에 올려 놓는다.

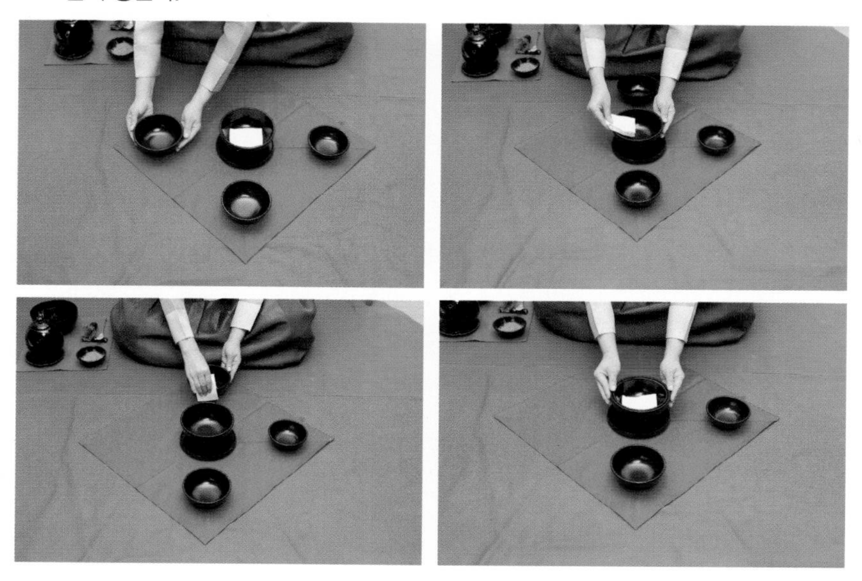

19. 다음 1빈 백학반을 두 손으로 들고 와 차건으로 3.3.3 공법으로 닦고 2빈—3빈 백학반도 가져와 같은 방법으로 닦아 중앙반 위의 백학반 안으로 넣어 정리한다.

20. 백학반 안의 차건을 제자리에 놓고 차호도 백학반 안으로 겹쳐 정리 한다.

21. 정리된 백학반은 주인자리에 옮겨 놓고 뚜껑(중앙반)을 덮는다.

22. 백학반을 들고 와 잠시 멈춘 후 제자리에 옮긴다.

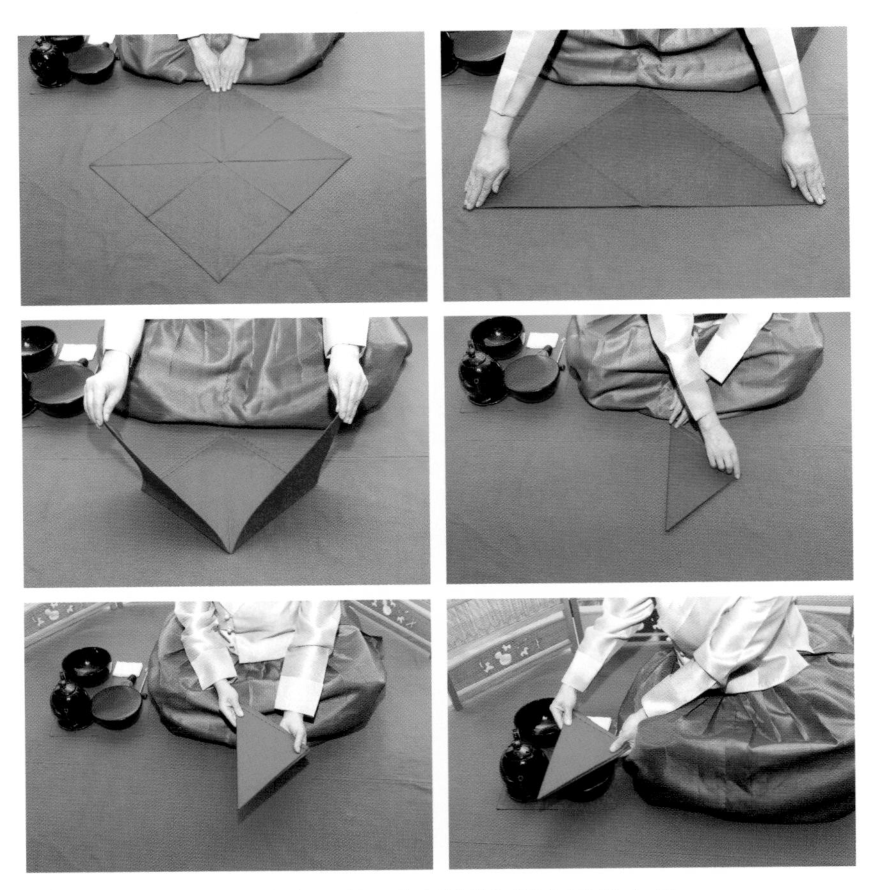

23. 주인은 결의다포 날개를 접듯 접어 백학반 위에 올려놓는다.
결의다포를 접는 순서 (2번 참조)

24. 예로서 마침 인사를 한다. (拜)

다원결의(19번 참조) 4,3,2번 차빈 백학반을 닦을 때는 왼손은 백학반을 일직선으로 눌러 잡고 오른손의 차건으로 백학반 중심에서 시작하여 1/3씩 시계방향으로 돌려가며 닦는 것이 3.3.3공법이다.

※외(外)에 홍삼, 천마, 호지, 뽕잎 등의 가루로 다양한 변화를 줄 수 있으며 여러 재료의 활용으로 품위와 격조를 갖춘 풍부한 차 생활을 오래 즐겁게 행복하게 할수 있었다.

다원결의(茶園結義) 후기

다원결의를 시연하며 (사)원유전통예절문화협회 전재분 이사장님의 창조적이고 창의적인 아름다운 시연을 보여주시고 가르쳐주셔서 다시 한 번 더 감사의 마음을 새긴다.

또한 이미성님의 리더십으로 저희 작은 팀원은 배움을 되새김하면서 리더님께서 자필로 꼼꼼히 써내려 기록을 적고 그 다음에 또 시연하고 수정하기를 반복하며 그 얼마나 애쓰는 그 누구도 할 수 없기에 진정 고마운 마음에 감사를 더한다.

우리는 서로를 존중하고 이해하며, 협조하고 배려함으로써 묵묵히 각자의 맡은 바 책임을 다해 불만과 불평 없이 자신이 할 수 있는 일을 재능기부 하듯 했다. 말하지 않아도 한 명은 운중다포를 다시 만들어 오고, 한 명은 재료를 제공하고, 한 명은 수건을 자르고 만들어 오는 등 서로의 부족함을 채워 온 운중백학반 다원결의 이란 생각이 든다.

다원결의 시연을 준비하면서 경건한 마음으로 선정에 들듯, 바루에 청수를 따르고 1-0-8 천천히 그리면서 바루 닦은 예온물을 다원결의 하듯 바루를 오므린 꽃봉우리 모양으로 물을 버리고 함께 바루를 폈을때 활짝 핀 꽃모양을 보며 환희심을 느끼며 번뇌를 씻어 버린듯 하다.

가루차를 바루에 넣고 탕수를 따르고 가루차가 어우러짐을 바라봄으로써 자신을 바라보는 듯 마음을 다듬고 차선을 들어 삼심(三心)을 찍고 격불을 하여 다화를 피우고, 가루차를 함께 마심으로 마음이 부드러워지고, 백탕을 마심으로 입안이 달콤함을 느낀다.

이러하듯 함께 시연하고 함께 준비하며 나누고 화합하고 웃으며 함께하는 다원결의 된 운중백학반 모습이란걸 환한 미소로 느낀 점을 적어보았다.

접빈다례(接賓茶禮)

박진하

(사)원유전통예절문화협회 이사
증평 지회장

접빈다례(接賓茶禮)

박진하

반가 원유보다례의 의미

각기 다른 빛깔과 특색을 지닌 전통문화는 보존과 섞임의 자연스러운 과정을 거치며 변화한다. 원유보다례는 이러한 전통문화 가운데에서도 창조적이고 뛰어난 지혜가 담긴 문화유산인 보자기에 사방의 복을 담아 마음과 정성을 다하여 차를 우리는 섬김의 다례와, 자연스러운 소통의 장이 되는 팔각상을 이용하는 나눔의 다례를 발표하고 교육하면서 차생활화하고 있다.

보자기는 복을 싸둔다는 뜻으로, 조선시대에는 보(褓)와 같은 음(音)인 복(福)이 보자기를 이르는 말로 쓰였다. 혼례에 쓰이는 수보(繡褓)는 복락기원(福樂祈願)을 상징하는 문양을 새김으로써 단순히 물건을 싸는 도구를 넘어서게 된다. 즉 내면의 마음을 온전히 전하는 소통의 도구이자, 사람을 정성껏 대하고 물건을 소중히 다루는 한국 예절의 정서와 복을 담아서 소중한 사람에게 전하려는 마음과 정성이 고스란히 느껴지는 도구이다.

또한 보자기는 다양한 모양의 물건을 하나로 감싸 안을 수 있다. 안에 어떤 물건을 담고 있느냐에 따라 그 이름을 달리한다. 책을 쌌던 보자기를 풀어서 이불을 싸면 이불 보자기가 된다. 이처럼 인간의 문화를 만드는 보자기는 형태가 변하지 않는 가방과 달리 모양에 구애받지 않고 간단하게 싸고 풀 수 있어 편리하고, 부피가 작아 보관이 용이하며, 싸는 물건에 따라 부피와 모양이 다양해진다. 때로는 감싼 물건이 삐죽이 나오기도 하고, 항아리처럼 둥글기도 하며, 물건이 없으면 본래 모양인 평면으로 되돌아간다. 서양의 가방은 한정된 물건을 넣기만 할 수 있는 반면에 동양의 보자기는 싸고, 두르고, 거르고, 씌우고, 가리고 맬 수 있는 배려, 융통, 융합 등 다기능을 갖추고 있다.

고려시대나 조선시대에는 전통 탕약을 달여 거를 때 삼베 보자기를 사용했고 찻잎이나 차의 가루를 거르는 역할로 천을 사용했었다는 점을 참고하여, 소색(素色)의 무명보에 차를 넣어 정성스럽게 우리고 함께 나누는 원유보다례에 이어 귀한 손님을 접대하는 반가의 접빈다례로 거듭나게 되었다.

반가(班家)의 의의

반가(班家)란 조선시대 양반사대부가를 뜻하며, 양반은 문반과 무반을 일컫는다. 남향한 국왕을 중심으로 문반은 동쪽에, 무반은 서쪽에 섰고, 문반은 정치, 무반은 군사를 담당하였다. 이 두 반열을 양반이라 하였고, 그들이 사는 집을 양반사대부가라 칭하며 이를 줄여서'양반가(兩班家)' 또는'반가'라고 한다. 조선시대에 들어와 남계(男系) 중심의 가족제도가 정착되면서 한 집안에서도 여성의 생활공간인 안채와 남성의 생활공간인 사랑채로 엄격히 분리되도록 했다. 곧 안채는 할머니와 어머니가 생활하는 공간이며, 여식을 교육하는 공간이자 여성들이 세상 돌아가는 이야기를 서로 나누는 문화교류의 장이기도 했다.

이때 손님들에게 대접했던 것이 바로 차와 차 음식이었다.

반가의 접빈다례(接賓茶禮)는 집안에 귀한 분을 초대해서 접대할 때 드리는 다례다. 상견 예절에 따라 절을 올린 다음, 다실로 옮겨 차와 다식을 권하며 다담을 나누는 반가의 손님맞이 다례법이다. 다례는 시대와 지역에 따라 조금씩 다르다. 지금도 시대에 맞춰 차를 우리는 형태는 조금씩 변하고 있다. 그러나 다례에 담겨 있는'사람을 존중하고 귀하게 여기는 마음'은 예나 지금이나 다르지 않다.

본 협회((사)원유전통예절문화협회)에서는 오랜 기간 동안 전통문화를 계승, 발전시킬 수 있는 창조적인 차 문화를 보급하는 데 앞장서 왔다. 많은 차인들이 올곧게 공부할 수 있고, 쉽게 다가가 활용할 수 있는 역사가 숨쉬는 다법을 꾸준하고 다양하게 연구, 발표했다.

여기에 발표하는 다례법은 우리 생활과 정서 속에 깊숙이 녹아 있고, 조상의 지혜가 담겨 있다. 한 겹 두 겹 매듭을 풀 때마다 정성이 풍기는 보자기를 활용하는 다례법이다. 동서남북의 복을 모아 정성스럽게 차를 우려 손님을 접대하는'반가의 접빈다례법'인 것이다.

반가 접빈다례 다구의 배열 및 명칭

차도구 배열

차도구 명칭

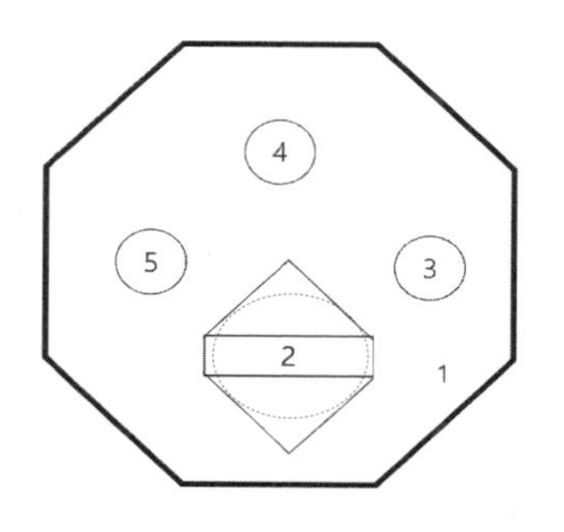

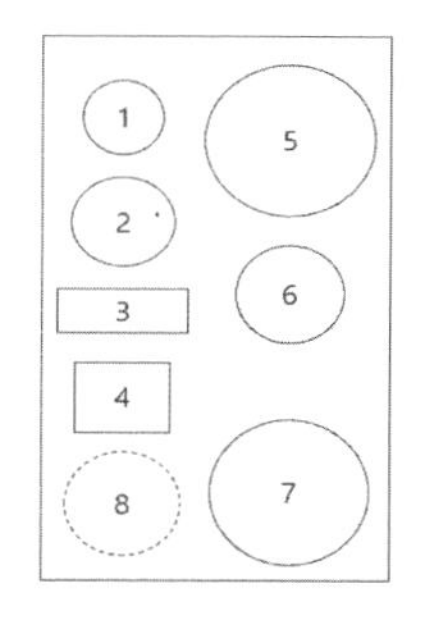

(가) 1 팔각상　2 보다완.원유보　3 1빈잔　4 주인잔　5 2빈잔

(나) 1 다과꽂이병　2 차합　3 차칙　4.차수건과 차건　5.차화로와 탕관

6 다과합　7 보조다완　8 보다완 자리

1) 팔각상

여덟개의 모서리로 이루어진 팔각상(八角床)은 자연계 구성의 기본이 되는 하늘, 땅, 우레, 불, 지진, 바람, 물, 산 등을 상징한다. 옛날 사람들은 하늘은 둥글고 땅은 네모지다는'천원지방(天圓地方)'사상을 갖고 있었다. 그래서 팔각의 형태가 하늘과 땅 사이의 중간계인 인간을 상징한다고 해석했다. 팔각을 조합한 우리나라 전통 건축물로는 창덕궁 청의정, 불국사 다보탑, 월정사 팔각9층석탑, 석불사 삼층석탑, 창경궁 성종대왕 태실, 종묘 악공청 기둥 등을 예로 들 수 있다.

2) 원유보(褓) 두 장

약 30×30cm의 흰 무명천으로 차 우리는 용도와 끝맺음을 위한 용도 (예로부터 하얀색은 밝은 희망과 행운을 상징).

3) 원유 보 다완 : 차 우리는 다기.

4) 찻잔 : 잔, 잔 뚜껑, 잔 받침으로 구성.

5) 다과꽂이 병 : 다과꽂이를 넣는 병.

6) 차합 : 차를 담는 그릇.

7) 차칙 : 차를 원유 보 다완에 넣을 때 쓰는 다구.

8) 차 수건과 차건 : 손 닦는 용도의 차수건과 차행주.

9) 탕관 : 차 우릴 뜨거운 물을 담는 차 주전자.

10) 차화로 : 탕관의 물이 식지 않도록 온도를 유지시켜 주는 용도.

11) 다과합 : 다식(오색)을 담는 그릇.

12) 보조 다완 : 원유보를 옮겨 놓는 용도.

13) 보조 다반 : 약 45×24cm정도의 천 또는 나무로 된 것을 사용하며, 왼쪽 위부터 다과꽂이, 차합, 차칙, 차건, 및 차 수건을 오른쪽 위부터 탕관과 차화로, 다과합, 찻잔 뚜껑, 보조 다완을 놓는다.

– 반가의 접빈다례 손님 맞기 –

귀한 분들을 청한 반가의 안주인은 정성스런 손님맞이 준비를 한다.

1. 님맞이하기

주인 : 찾아주셔서 고맙습니다.

면 길 오시느라 고생 많으셨어요.

손님 : 초대해 주셔서 고맙습니다.

주인 : 안으로 드시지요.

2. 주인은 손님을 다실로 안내하고 함께 뵙는 절로 예를 갖춘다.
3. 정갈하게 마련된 자리로 안내한다.

정성껏 차를 우리겠다는 마음을 담아 가볍게 예를 한다.

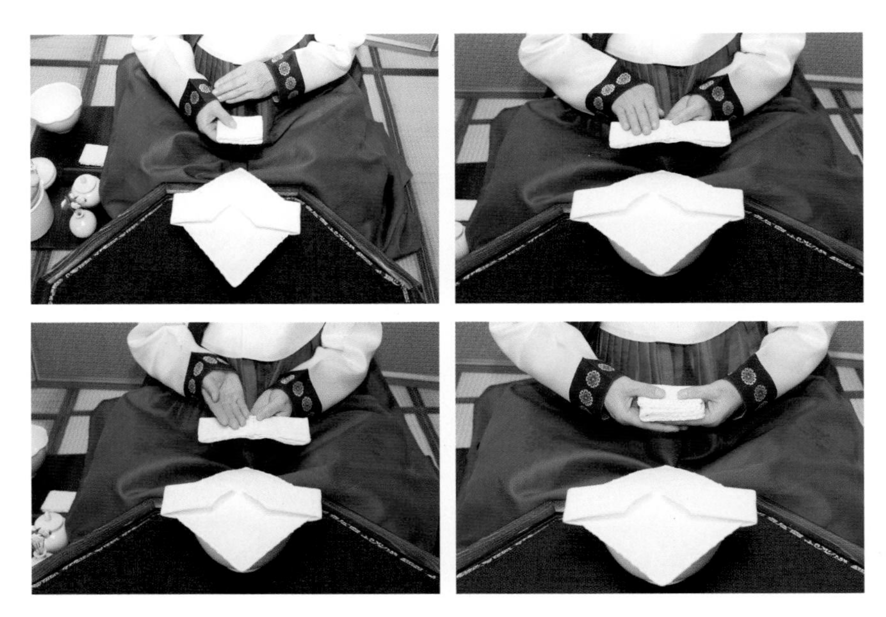

차수건을 가져와 오른손, 왼손(앞,뒤)를 정갈하게 닦고, 차건을 가져와 차 수건위에 포개어 제자리에 놓는다.

뚜껑을 열어 보조 다반에 내려놓는다.(2빈—주인—1빈)

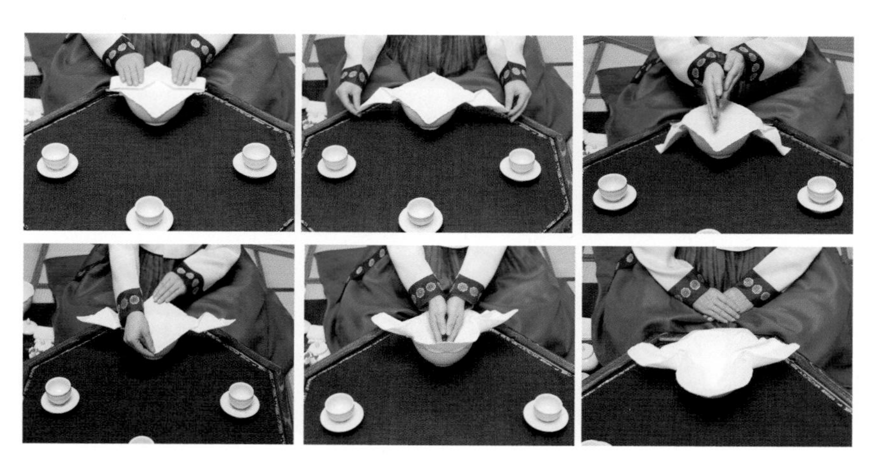

양손을 원유보위에 나란히 올린 다음 동시에 양옆으로 펼치고 위아래로 펼쳐준후 차 넣을 자리로 만들어 준다.

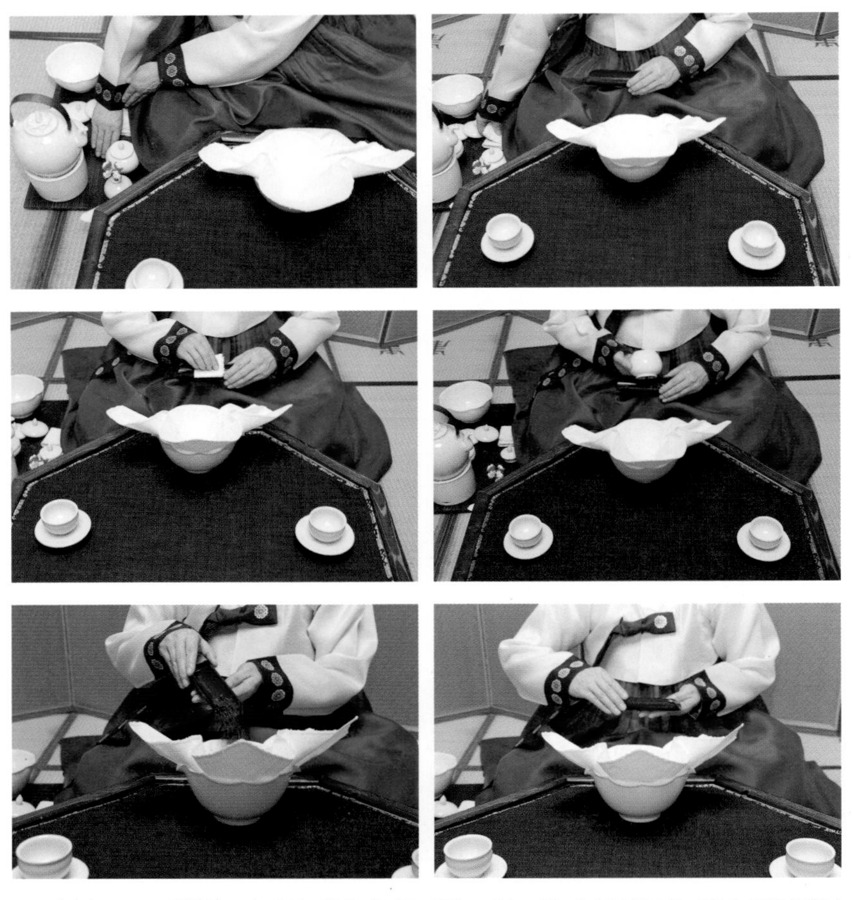

오른손으로 차칙을 가져와 왼손에 돌려잡고 부드럽게 닦아준후 차를 덜어내어 원유보 중앙에 넣는다.

탕관 뚜껑을 가볍게 누르고 물줄기가 일정하도록 탕수를 따른 후 부리밑 물길을 살포시 눌러 닦고 탕관을 받쳐 옮겨 놓는다.

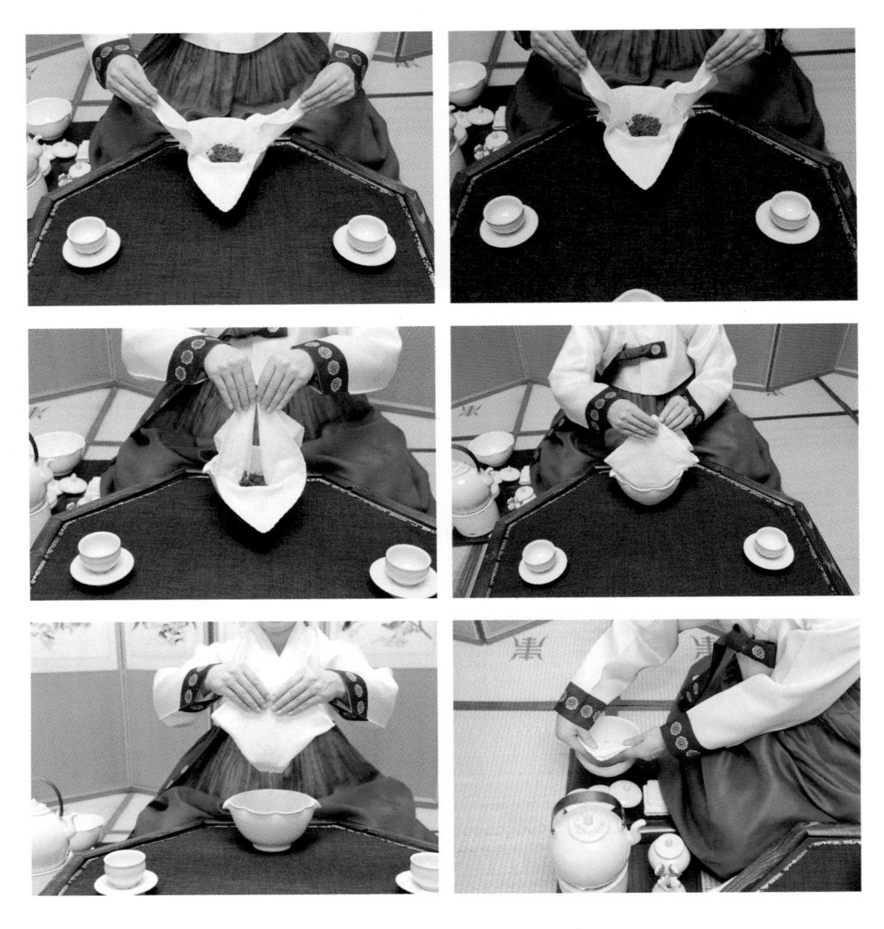

동서남북의 복을 모으듯 양손으로 좌우 앞뒤 원유보를 가지런히 모은 후 2-3회 들었다 내렸다를 반복하며 우러난 차의 농도를 살핀 후 보조 다완에 옮겨 놓는다.

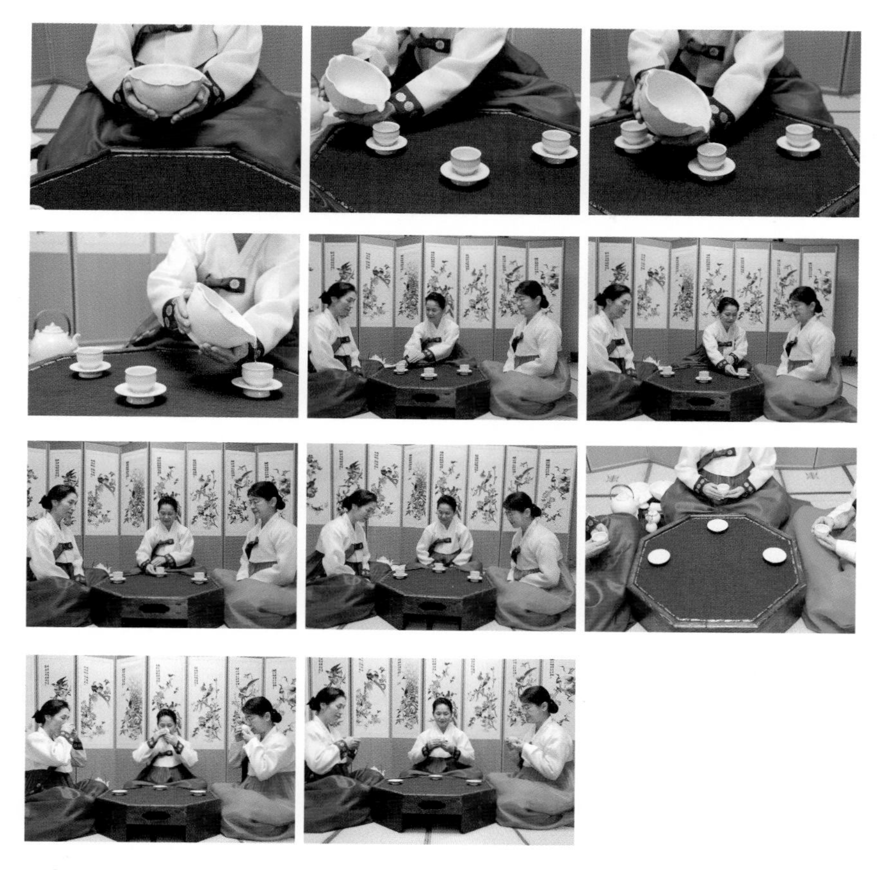

원유보다완을 들어 두 번에 나누어 따르고(1빈–주인–2빈–2빈–주인–1빈 순) 보조다완에 내려놓는다. 손님 잔을 마시기 편하게 옮겨드리고 주인 잔은 앞으로 가져온 후 예를 갖추어 손님께 차마시기를 권한다.(세 번에 나누어 마신다)

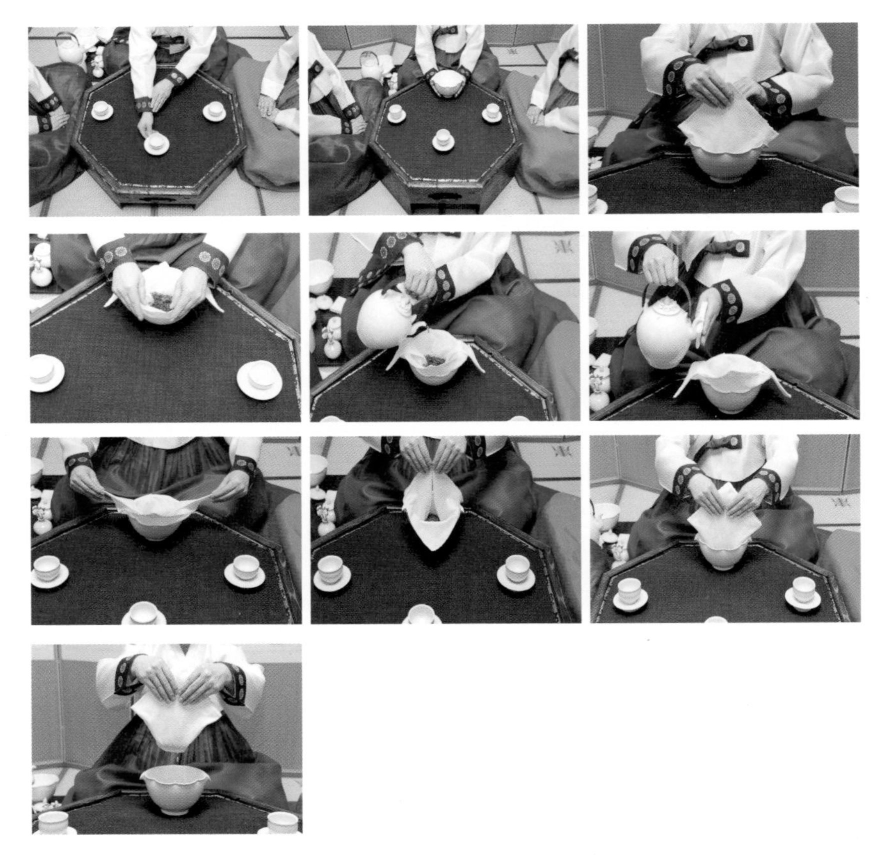

두 우림을 하기 위해 주인 잔을 처음 자리로 옮기고 원유 보다완을 가져온다. 보조다완에 있는 보를 옮겨와 동서남북으로 펼쳐준 후 첫 우림때와 같은 순서로 차를 우려 1빈부터 따라 드린다.

주인 잔을 앞으로 가져온 후 다식합을 찻상 중앙에 올려놓고 뚜껑을 제자리에 놓는다. 다과 꽂이 병을 주인장 우측 자리에 옮겨놓고 1빈부터 차례대로 내어 드린 후 꽂이 병은 제자리에 놓는다.

차를 한 모금 마신 후 다과를 먹으며 여유롭게 담소을 나누고 남아있는 차를 두 번에 나누어 마신다.

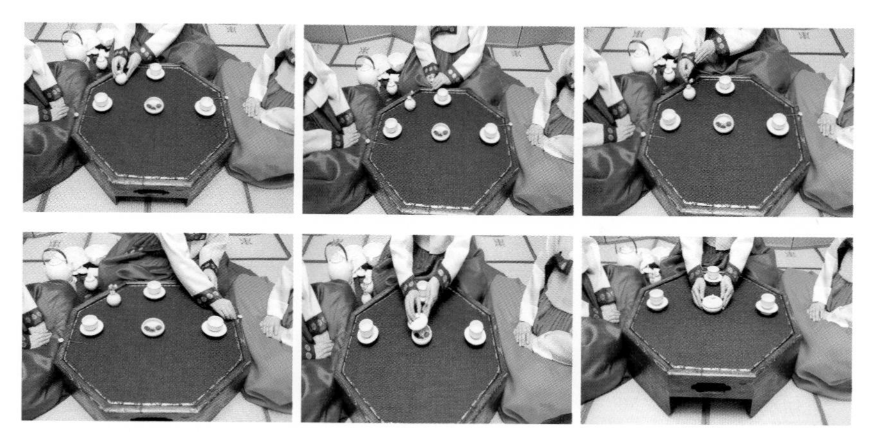

다과 꽂이 병을 올려놓고 주인 것부터 2빈 1빈 순으로 거두어 꽂이 병에 꽂아 제자리에 놓고, 다과합도 뚜껑을 덮어 제자리에 둔다.

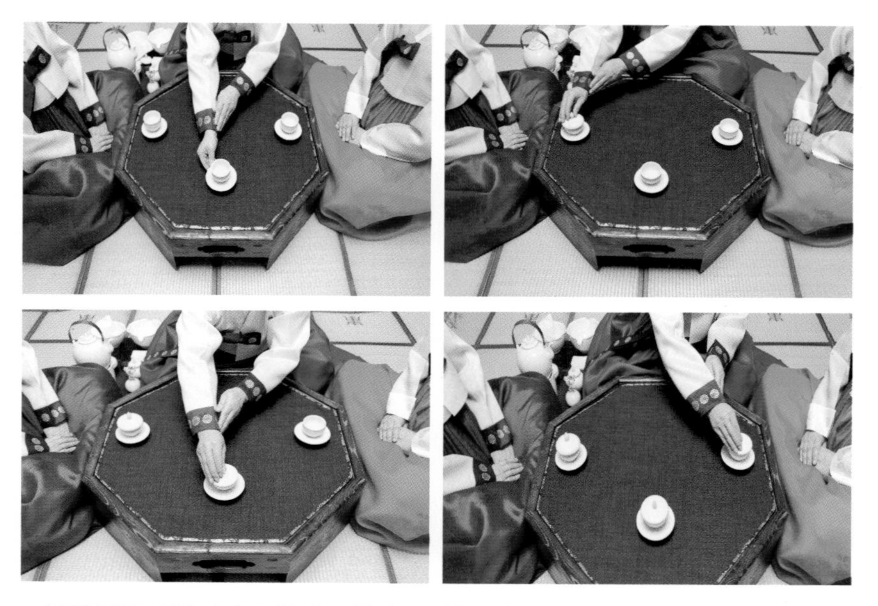

주인 잔을 처음자리로 옮기고 찻잔 뚜껑을 1빈부터 차례로 덮은 후 잔을 정리한다. (1빈–주인–2빈 순).

원유보다완을 제자리에 옮겨 놓은 후 처음처럼 보다완 위에 원유보를 내려놓고 마무리 인사를 한다.

3, 손님 배웅하기

손님 : 좋은 날 좋은 자리에 초대해 주셔서 고맙습니다.

주인 : 먼 길 와 주셔서 고맙습니다. 조심히 가십시오.

다실을 나올 때에는 주인이 한 발 앞서 나와 손님의 신발까지 돌려 드리는 정성을 보인다.

손님의 뒷모습이 보이지 않을 때까지 배웅한다.

다양한 것을 상상할 수 있는 자연이 준 천연의 우리 보자기를 정겹게 풀어낸,전통의 향수가 어우러진 손님맞이 다례법인'반가 접빈다례'를 마친다.

결론

우리의 차 문화는 오랜 세월을 지나며 우리만의 특색을 지닌 전통문화로 자리 잡았다.

다선으로 불리는 초의선사와 추사 김정희와의 남다른 우정도 차를 매개로 맺어졌다. 맛이 아니라 품격이었다.

다례(茶禮)가 격식을 넘어 인격과 본질의 의미를 갖게 된 이유이기도 하다. 예의는 차리는 게 아니라 마음이라는 걸 우리의 차 문화가 알려주듯, 현대의 차인들은 반가원유보다례를 통해 선인의 품위와 품격을 닮아가는 모습을 보여준다.

돌맞이다례

배경연

(사)원유전통예절문화협회 이사
평택 · 화성 지회장

돌맞이 다례

서언

인간의 생활 보금자리인 가정은 가족 구성원들의 출생, 성장, 혼인, 사망 등 통과의례(通過儀禮)가 행해지는 삶의 터전이다. 예부터 삶의 시작부터 죽음에 이르는 인생의 중요한 순간마다 의미를 부여해 왔다.

인간관계의 토대가 되는 예절이나 질서를 자연스럽게 배울 수 있는 가정에서 부모는 최초의 교사가 된다. 가정 내(內) 교육에서 특히 의례를 통하여 가족 간 결속력과 정체성이 확립되고 기본적인 생활 태도가 형성되며 이를 바탕으로 성숙한 삶을 영위해 나가게 된다.

부모가 된다는 것은 단순히 아이를 낳는 것에 그치지 않고 아이가 자기의 삶을 잘 살아갈 수 있도록 잘 기르고 돕는 과정이 필요하다. 많은 가능성을 가지고 태어난 아이가 먹고 입고 자는 것을 지원하는 부모로서의 역할은 해가 갈수록 점점 더 무겁고 엄숙하게 다가온다. 그런 의미에서 출생 후 1년을 무사히 넘긴 아이를 축하하는 돌맞이 의식은 중요한 가정

의례라고 할 수 있다.

돌맞이 의식에서 아이의 무병장수(無病長壽)와 복록(福祿)을 기원하는 것은 예나 지금이나 변함이 없다. 축복과 희망이 담긴 돌맞이 행사는 결혼 이후 양가 집안의 첫 번째 공식 모임이며 중요한 의식으로 자리 잡고 있다.

따라서 일생의 의례 중 특히 자녀와 관련된 돌맞이 풍습에 차로써 예를 표현하는 다례의 행위를 통해 돌맞이의 의미를 되새겨 보고자 한다.

돌맞이 다례는 (사)원유전통예절문화협회가 연구 발표하여 2018년 특허청에 등록된 원유보다례(源諭褓茶禮)를 다법으로 적용하고 있으며, 정방형의 네 귀퉁이를 통해 복을 모은다는 보자기의 정신적 기원이 반영되면서 섬김과 공경뿐만 아니라 나눔의 의미까지 함축되어 있다.

돌맞이에서 '돌'의 표기는 생일을 의미하는 '돌'과 주기(週期)를 나타내는 '돐'을 구분하여 사용했으나, 현행 표준어 맞춤법에서는 모두 '돌'을 쓰는 것으로 통일하고 있음을 알려둔다.

돌맞이의 풍습

예전에는 출생 시 부정을 막기 위해 금줄을 치고 삼칠일 동안 걸어 두며, 백일을 지나 무사히 한고비를 넘는 첫 번째 생일을 맞이하면 특별한 잔치를 열어 축하해 주었다. 돌맞이는 아이가 태어나 맞이하는 첫 번째 생일로, 무사히 건강하게 한 살이 된 것을 축하하며 수복과 장수를 기원하는 의례의 의미가 있었다.

훌륭하게 자라기를 소망하는 마음에 천인천자문의 책을 만들어 돌잡이 물품에 올리고, 수(壽), 복(福), 귀(貴) 만수무강(萬壽無疆), 수복강녕(壽福康寧)과 같이 장수와 복록을 기원하는 글자나 인의예지(仁義禮智), 효제충신(孝弟忠信) 등 길상(吉祥)무늬를 수놓거나 글자를 넣고 화려한 색동옷을 입혔다. 흑색, 백색, 황색, 적색, 청색을 모두 갖춘 오방(五方)색이 사용된 돌복에는 오행이 모두 갖추어져 있어서 나쁜 기운을 막아주고 아이가 건강하게 오래 살 것을 기원하는 음양오행(陰陽五行) 사상이 담겨 있다. 나쁜 기운을 물리치며 잡귀를 쫓아준다는 수수팥떡과 티 없이 맑은 신성함과 순진무구함을 의미하는 백설기, 수명이 길게 오래 살라는 의미의 국수를 포함하는 풍성한 돌상을 차리고, 10~12살이 될 때까지 생일상에 수수팥떡을 올리는 풍습에는 사랑과 희망, 기대, 축복이 담긴 아이를 대하는 부모의 마음이 담겨 있다.

돌맞이 다례의 특징

돌맞이 다례란 첫돌을 맞이한 아이에게 부모가 차를 우려 복을 기원하는 돌맞이 다례의 특징을 살펴보면 다음과 같다.

첫째, 정방형의 흰색 무명 보로 차를 우린다.

정방형의 무명 보를 사용하여 차를 우리는 돌맞이 다례는 동서남북 복을 모은다는 의미의 원유보다례를 적용하여, 돌을 맞이한 아이의 수복(壽福)을 기원하며 생명 존중의 정신과 정성된 마음을 나타내고자 했다.

둘째, 다섯 방위에 오방색(五方色)의 다포와 다섯 개의 다구를 배치한다.

음양오행(陰陽五行)에서 자연은 음과 양에 따라 만물이 생성하고 소멸하는 대립적 구조이며, 자연은 나무(木), 불(火), 흙(土), 쇠(金), 물(水)로 구성되어 있으므로, 삼라만상의 생성소멸을 오원기(五元氣) 곧 목화토금수(木火土金水)로 변환하여 이를 극복하려 했다.

셋째, 색동저고리와 오방낭 주머니로 복의 기원을 상징한다.

음양오행 사상은 사계(四季), 음식, 정치, 방위, 의복, 색채, 의학 등 자연이나 사물의 현상을 살필 때 기본적으로 인식할 수 있는 인류의 보편적인 관념으로서, 돌을 맞이한 아이에게 색동옷을 입히고 오방색 주머니에 곡식을 담아 돌띠에 매달아 주는 것도 이와 같은 의미이다.

돌맞이 다례 상차림

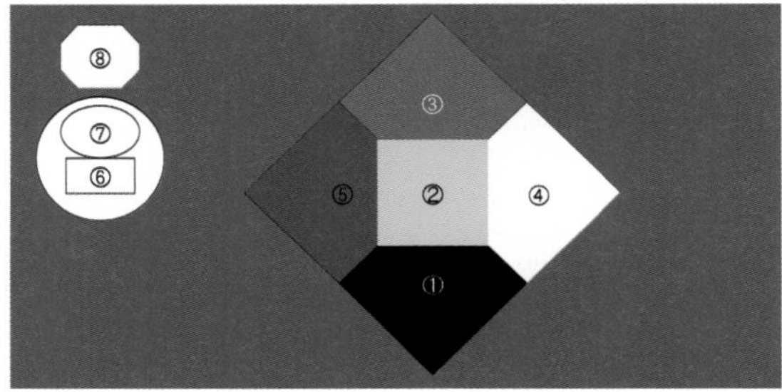

① 돌맞이 잔 - 돌맞이 다례에 사용하는 뚜껑과 받침이 있는 의례용 잔
② 차합 - 차를 담은 뚜껑이 있는 작은 항아리
③ 원유보와 보다완 - 정방형 무명보와 차를 우리는 다기
④ 차칙 - 차합의 차를 덜어 보다완에 옮기는 다구
⑤ 차건과 차수건 - 행다시 사용하는 작은 행주와 손을 닦을 때 사용하는 큰 수건
⑥ 차화로 - 탕관의 물이 식지 않도록 온도를 유지시켜 주는 용도
⑦ 탕관 - 끓인 물을 담아두는 주전자
⑧ 보조다완 - 사용한 원유보를 잠시 옮겨 놓는 용도
⑨ 오방다포 - 오방색의 정방형 다포

돌맞이 행다법

몸가짐과 마음가짐

돌을 맞은 아이의 어머니는 정갈하게 의복을 갖추고 1년 동안 건강하고 무탈하게 성장한 아이의 수복과 장수를 기원하는 마음가짐으로 예를 갖춰 인사한다.(拜茶禮)

오방 다포와 다구 방위

오방 다포는 음양오행을 갖춰 서로 상생하며 모든 것이 조화롭게 이루어져 나쁜 기운을 막아 아이가 건강하게 오래 살기를 기원하는 의미이다.

나무를 태우면 불이 나고,

불이 탄 곳에서 흙이 생기고,

흙이 뭉쳐 쇠가 되고,

차가운 쇠에서 물이 맺히고,

물은 나무를 키우고 서로 산다.(相生)

오방색은 오행의 빛깔이며 다 갖추어 골고루 있으면 조화롭다

오방색(五方色)	다구	오방위	오행(五行)	기운
흑색	돌맞이잔	북	수(水)	응축
적색	보다완과 원유보	남	화(火)	발산
황색	차합	중앙	토(土)	조화
백색	차칙	서	금(金)	하강
청색	차건과 차수건	동	목(木)	상승

차수건을 가져와 펼쳐 오른손과 왼손 손바닥과 손등을 차례로 닦고 차건과 함께 정돈하여 내려 놓는다.(손닦기)

기대와 희망의 염원

학의 양 날개를 활짝 펴 비상하듯 희망찬 아이의 미래를 염원하며 원유보를 동서로 펼친 후 두손을 모아 다시 남북으로 펼친 다음 두손을 모아 보 중앙에 차가 담길 자리를 만든다. (원유보 펼치기)

복의 기원

왼손으로 차칙을 가져와 바르게 잡고 차건을 가져와 정성껏 닦은 후 오른손으로 차합 뚜껑을 열어 차건 위에 내려 놓고 차합을 굴려 차칙에 차를 소복히 담은 다음 차합 뚜껑을 닫는다.(차칙에 차 담기)

복 담기

차칙을 돌려 오른손으로 고쳐 잡고 원유보 중앙에 차를 쏟아 담은 후 차칙을 왼손으로 옮겨 잡은 다음 제자리에 내려 놓는다.(원유보에 차 담기)

정성과 조화

차건을 잡고 탕병을 들어 차가 담긴 원유보의 중앙에 물이 떨어져 잘 어우러지도록 정성을 다해 힘차게 따른 다음 탕병과 차건을 제자리에 내려 놓는다.(탕수 따르기)

복 모으기

펼쳐진 원유보를 동서남북 복을 모으듯 정방형으로 모아 두손으로 잡고 위아래 2~3회 반복하며 차가 알맞게 우러나면 원유보를 들어 마지막 옥로가 떨어지기 기다리며 정성껏 차를 우린 후 보조다완에 내려 둔다. (차 우리기)

중정

잠시 숨을 고르고 돌맞이 잔의 뚜껑을 열어 보다완의 탕수를 돌맞이 잔에 알맞게 따르고 뚜껑을 닫은 다음 돌맞이 잔을 들어 찻상으로 옮긴다.

축원

어른은 "첫돌을 축하드립니다. 아기가 무병장수하고 복록이 있기를 기원합니다."
라고 말하며 축하 인사를 하고 오방낭이 담긴 청홍보를 건낸다.
주인은 오방낭이 담긴 청홍보를 공손히 받으며 "고맙습니다. 감사드립니다."라고
말하며 정성스런 인사를 드린다.

청홍보 속의 오방낭

청홍보에 담긴 오방낭에는 찹쌀, 콩, 팥, 수수, 조와 같은 곡식을 넣어 평생 먹을
거리 걱정없이 다복하게 살아가길 기원하는 마음이 담겨 있다.

감사

손님들에게 값은 마음을 담아 감사 인사를 드린다.

돌상차림

돌맞이 다례 의식이 끝나고 나면 돌상차림의 돌잡이 용품과 함께 오색낭이 들어 있는 청홍보와 돌맞이 다례 잔을 올려 놓는다.

父一日正心母十月師十年

맺음말

차(茶)가 우리에게 오기까지에는 자연의 생명 에너지가 필요하고 올바르게 키워낸 차나무에서 그 에너지가 흩어지지 않도록 알맞게 만들어야 한다. 여기까지 이루어진다면 그 다음은 어떻게 우려내는가에 따라 오롯이 차가 인간에게 줄 수 있는 모든 유익함을 뿜어낼 수 있다. 이것이 다례의 핵심이며 다도라 할 수 있다.

국제 사회가 되면서 전 세계의 다양한 차 문화를 직.간접적으로 접하게 되고 우리의 전통 다례에 대한 대중의 관심이 점점 더 멀어지고 있는 실정이다. 지나친 실용성과 합리성만을 앞세우다 보니 다례는 특별한 날의 이벤트나 체험 등으로 한정되어 경험할 뿐이다.

한국 차 문화의 핵심은 지극히 정성된 마음의 표현이라 생각한다. 한국인의 정서를 가장 잘 표현할 수 있는 다례는 보존되며 이어져야 할 것이다. 이제 우리는 세계인이 공감하고 세대를 아우르는 한국적인 차 문화가 절실하다. 기호음료로서의 편리성과 합리성뿐 아니라 전통 다례 연구를 통한 우리만의 차별적이고 특별한 의식다례가 공감을 자아내며 공유되어지길 소망한다.

잘 사는 것에 대한 기준은 사람마다 다르다.

누구나 잘 살고 싶지만 구체적으로 어떻게 사는 것이 잘 사는 것인지 모른 채 그냥 바쁘게 세상을 살아간다. 특히 부모로서 자녀가 잘 살기를 바라며 교육을 시킨다. 잘 사는 것에 대한 정답은 없고 사람마다 다른 기준으로 교육을 시킨다. 잘 사는 것에 대한 고뇌와 철학이 없다면 바른 교육관을 가질 수 없을 것이다. 아마 나침반 없이 항해하는 배처럼 방향을 잃고 표류할 수도 있을 것이다.

끝으로 원유보다례를 이용한 돌맞이 다례가 차를 우리는 의례적 행사로만 그치지 않고 출생의 기쁨과 첫돌의 의미를 되새기고 부모됨의 참된 교육관을 형성할 수 있는 계기가 되길 바라며 돌잔치에 널리 활용되길 바란다.

하늘바람 연(蓮)잎에 담아

최매자

(사)원유전통예절문화협회 이사

강원 지부자

하늘바람 연(蓮)잎에 담아

삼성법의 의미

숫자 3은 완성, 완벽, 안정을 상징하는 숫자라고 한다.

단군신화에는 풍백, 우사, 운사라는 3신이 나오고, 고구려 건국을 상징하는 삼족오(三足烏)도 있으며, 조선시대 훈민정음도 천, 지, 인의 세 가지를 기본으로 만들었다고 한다.

'세 살 버릇 여든까지 간다.', '서당 개 3년이면 풍월을 읊는다.', '세 사람이 우기면 호랑이도 만들 수 있다.' 등 속담에도 숫자 3과 관련된 것이 많은 것을 보아도 우리 민족이 숫자 3을 좋아한다는 것을 알 수 있다.

'有天道焉 有人道焉 有地道焉 兼三材而兩之'

'하늘의 길이 있고 사람의 길이 있고 땅의 길이 있으니 세 바탕을 어울러 모두 동등하다.'

천(天), 지(地), 인(人)은 우주의 근원이자 변화의 동인으로 적용하는 3가지 요소이며, 천지 만물을 창조해내고 운행하는 주체인 하늘과 땅에,

만물의 조화와 질서를 주관하는 주체적 존재인 인간의 역할을 더함으로써 완성해낸 개념이라고 한다. 삼성법은 세 개의 완에 각각 하늘의 차, 땅의 차, 사람의 차를 냄으로써 자연과 인간의 유기적 관계와 일치를 표현하고, 말차의 삼묘(三妙)인 색(色), 향(香), 미(味)를 찾아 즐기며, 하늘은 둥글고 땅은 네모지고 사람은 세모진 것의 조화로움을 삼각구도의 다구 배열에서도 찾을 수 있다. 삼성법은 너, 나, 우리의 조화, 그리고 정(靜)과 동(動), 정신과 편리가 잘 녹아든 합리적인 다법이며, 아침에는 희망을 품고 낮에는 노력하며 저녁에는 반성하는 삶의 성찰을 꾀하는 의미로서도 충분한 가치를 지닌 다례법이라고 할 수 있다.

『하늘바람 연(蓮)잎에 담아 – 天』

1) 크기가 다른 세 개의 다완을 완전히 포개어지도록 하여, 배열도 아름다울 뿐만 아니라 정리하기에도 용이하다.

2) 다완의 크기에 따라 각기 다른 차선을 사용한다. (사물의 이치와 분별심을 알게 한다.)

3) 다완의 크기에 따라 다화를 피워내는 방법이 다르다.

인다완(人碗) - 연잎다포 위에 놓고 탕수를 따른 후, 차선으로 천, 지, 인을 그리고 위에서 아래로 격불한다.

지다완(地碗) - 한 손으로 다완을 들고 시계방향으로 돌리며 차를 풀어준후, 부드럽게 차선을 잡고 손목을 가볍게 움직이며 사선으로 격불한다.

천다완(天碗) - 한 손으로 다완을 들고 은차시를 돌려 손잡이 쪽의 고리로 서너 번 돌려 차를 풀어준 후, 다완을 조금 기울여 격불한다.

• 다완별 차와 물의 양, 사용차선

다완크기	차의 양	물의 양	사용차선
인완(큰 완. 10cm)	1.0g	80ml	中 차선
지완(중간 완. 8cm)	1.0g	60ml	小 차선
인완(작은 완. 6cm)	1.0g	40ml	은차시

4) 수직이나 수평 또는 사선 등으로 다완의 위치를 바꾸어 다양하게 배열할 수 있다.

5) 말차의 삼묘(色,香,味)를 찾아 즐기며 차와 물, 다기의 어울림에 하늘은 둥 글고 땅은 네모지고 사람은 세모진 것의 조화로움을 삼각구도의 다구 배열에서도 찾고 즐길 수 있다.

6) 비교적 크기가 작으면서 크기가 각기 다른 다완을 사용하여 휴대하기 편리하며 상이 아닌 다포를 사용하여 이동도 용이하다.

7) 탕관set를 대신하여 탕병을 사용하면 장소에 구애받지 않고 더 많은 공간에서 말차를 즐길 수 있다.

8) 언제 어디서나 나만의 차실을 만들어 자연과 합일(合一)되어 혼자, 아니면 둘, 셋이 함께 세상의 이치를 생각하며 말차를 즐길 수 있어 좋다.

- 차살림배열 및 명칭-

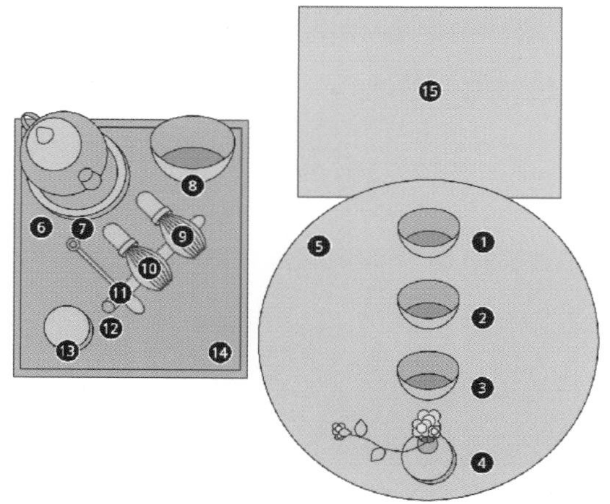

①인완(큰완)
②지완(중간완)
③천완(작은완)
④다화병
⑤연잎다포
⑥탕관
⑦초화로
⑧퇴수기
⑨중간차선
⑩작은 차선
⑪고리 은차시
⑫차선대
⑬차합
⑭직사각 다포
⑮방석

행다순서

1. 배례한다. (정성껏 차를 내겠다는 의미의 인사이다)

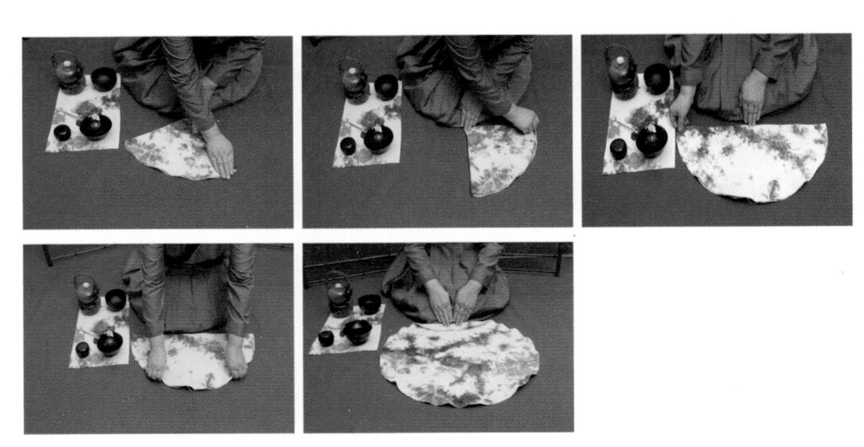

2. 연잎다포를 순서에 따라 곱게 펼쳐 놓는다.

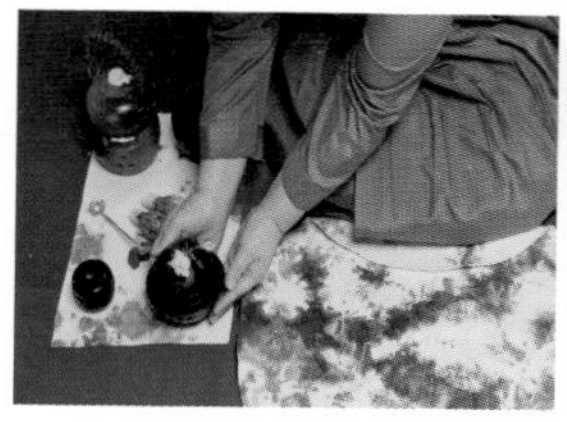 

3. 삼성완(人.地.天)을 연잎다포 위에 옮겨 놓는다.

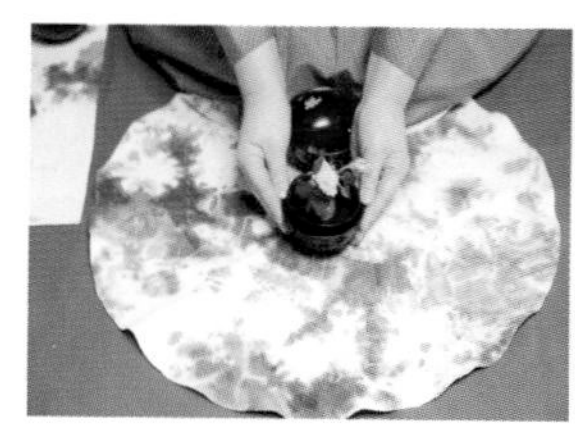 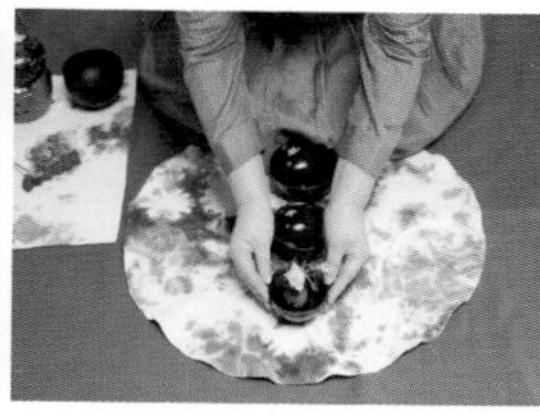 

4. 인완(큰완)은 제자리에, 지완(중간완), 천완(작은완), 다화병 순으로 1열로 연잎 다포에 펼쳐 놓고 잠시 호흡을 가다듬는다.

5. 탕관의 탕수를 인완에 따르고 잠시 바라본다. (다완의 맑은 물을 바라보며 마음을 정화시켜본다.)

6. 인차선(중간크기 차선)을 1-0-8을 그리며 적셔 놓는다.(차를 마시며 108번뇌를 잊는다는 옛차인들 말씀처럼 번뇌를 씻어내듯 천천히, 8자에서는 역동적으로 108자 형태를 그린다.

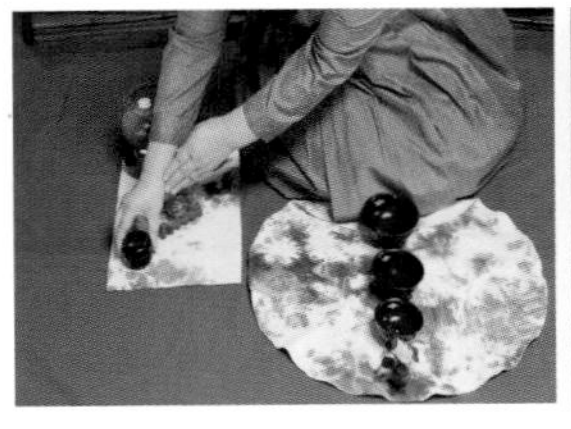  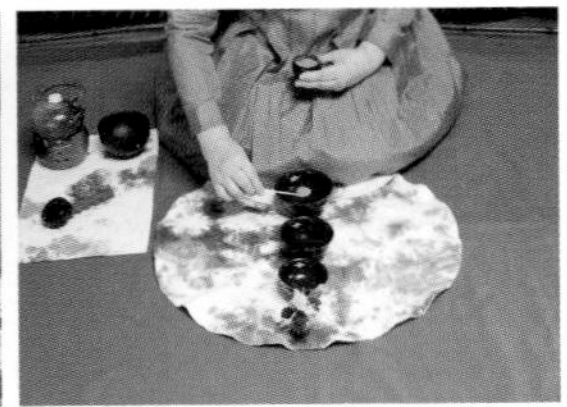

8. 은차시로 차합의 차를 인완에 넣는다.

9. 탕관의 탕수를 인완에 살며시 따르고 차와 어우러짐을 완상한다.(차와 물이 고요한 가운데 서로 어우러지는 모습을 바라보는 것은 또 다른 즐거움이다.)

 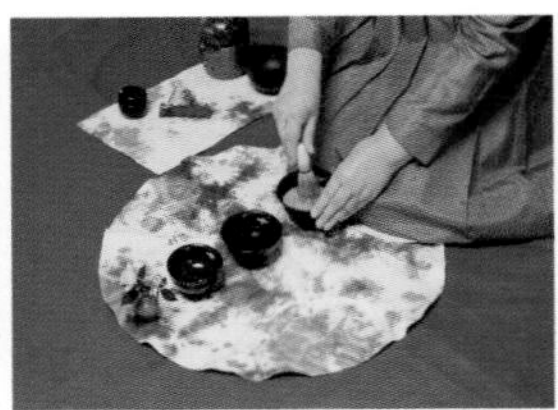 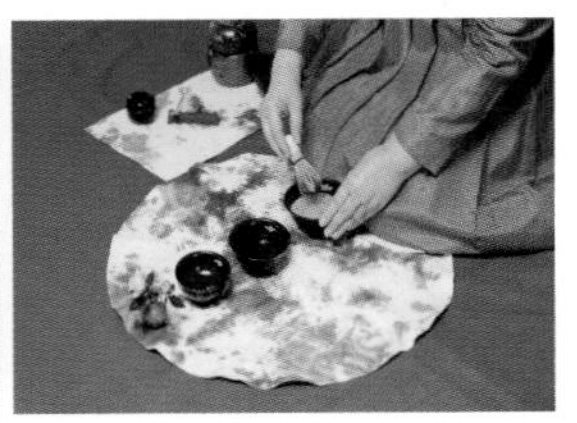

10. 인차선을 들어 완 안에서 인.지.천 삼성을 찍고 격불한다.(차탕의 꽃을 피워 부드러움 속의 칼칼한 말차의 맛을 내게한다.)

 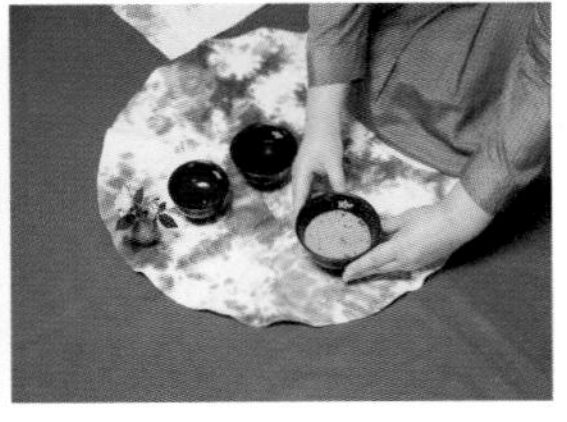

11. 인완을 다포의 중간 왼쪽에 옮겨 놓는다.

12. 지완을 다포의 아래쪽 가운데로 옮겨 놓고 지차선(작은차선)을 들어 1-0-8을 그리며며 적셔 놓는다

13. 지완을 들어 시계방향으로 돌려 예온하고 천완에 물을 따르고 다포에 내려 놓는다

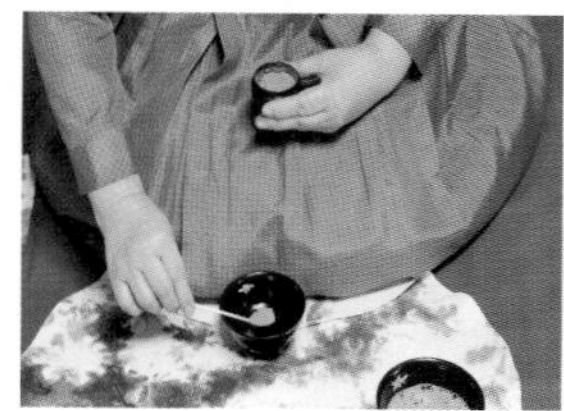

14. 차합의 차를 지완에 넣고 탕관의 탕수를 살며시 따른 후 차와 물의 어우러짐을 완상한다. (조급함과 바쁨 사이에 여유로움을 찾기 위함이다.

15. 지완을 두 손으로 들어 왼손에 옮겨 잡고 지차선을 들어 시계방향으로 두 세번 돌린 후 가볍게 격불한다.

16-17. 지차선을 제자리에 놓고 지완을 다포의 중간 오른쪽에 옮겨 놓고, 천완을 한 손으로 들어 퇴수기에 물을 따른다.

18. 천완을 다포에 내려 놓고 차합의 차를 넣고 탕수를 천완에 따르고 차와 어우러지는 모습을 완상한다.

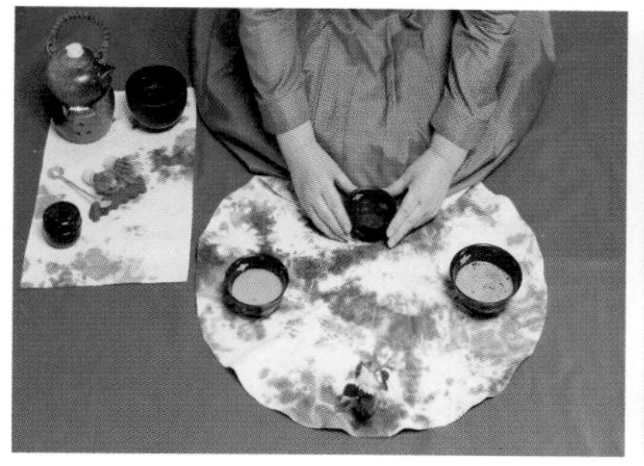

19. 두 손으로 인완을 들어 왼손에 옮겨 들고 은차시를 부드럽게 돌려 잡고 완을 조금 기울인 후 은차시 고리부분으로 격불한다.

20. 은차시를 퇴수기에 두 번 헹군 후 제자리에 놓는다.

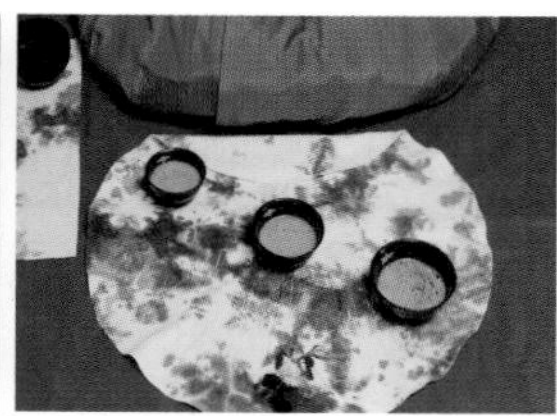
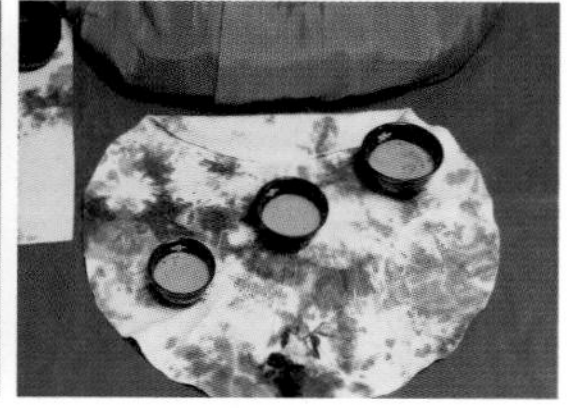

21. 천완을 다포의 아래쪽 가운데에 내려 놓는다. (완의 배열은 다양하게 변화 시킬 수 있다.)

22. 배다례하고 차를 마신다.

23. 백탕을 인.지.천 완 순으로 따르고 백탕을 마신 후 배다례한다.

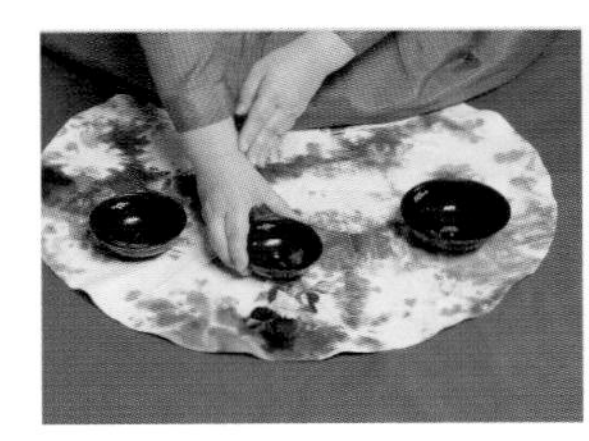

24. 천완→지완→인완 순으로 처음 배열했던 1열로 놓는다.

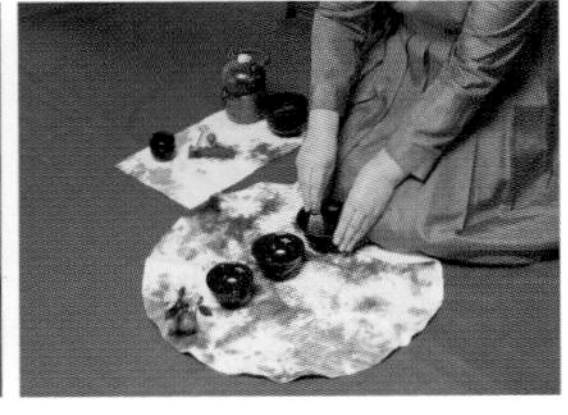

25. 인완에 탕관의 탕수를 따르고 잠시 바라보고 인차선을 인완안에서 1-0-8 을 그리며 헹궈 놓는다.

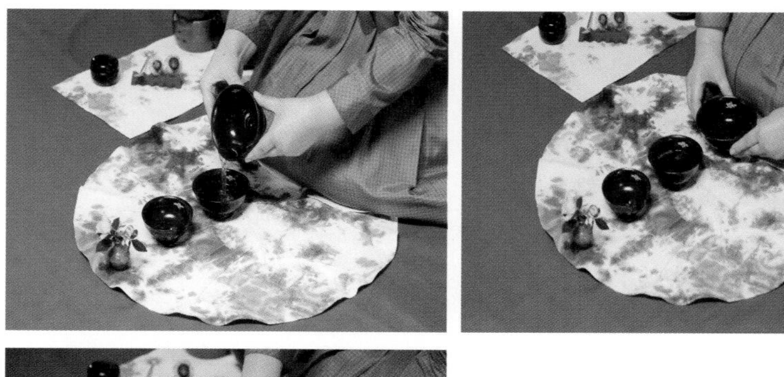

26-27. 인완을 들어 예온과 같은 방법으로 헹굼하고 지완에 물을 따른 후 제자리에 내려 놓고, 지차선을 지완 안에서 1-0-8을 그리며 헹궈 놓는다.

28. 지완을 들어 시계방향으로 돌려 헹굼을 하고 천완에 물을 따르고 제자리에 내려 놓는다.

29. 천완을 들어 시계방향으로 돌리며 헹굼을 하고 퇴수기에 물을 따르고 잠시 호흡을 가다듬는다.

30. 다화병, 천완, 지완, 인완을 차례로 포개어 놓는다.

31. 완을 들어 잠시 멈췄다가 사각다포의 제자리에 놓고 잠시 호흡을 가다듬는다.

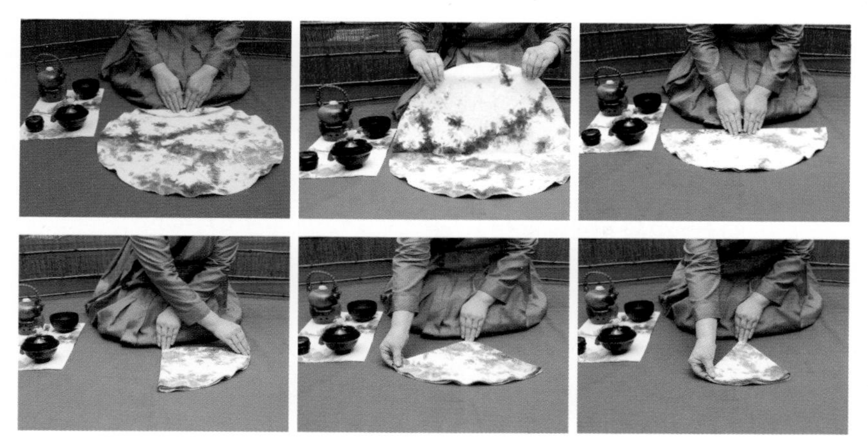

32. 연잎다포를 순서대로 접는다.

33. 접은 다포를 들어 잠시 멈췄다 퇴수기 위에 올려 놓는다.

34. 배례한다. (함께 해 주심에 감사하는 인사이다.)

하늘바람 연(蓮)잎에 담아 地

『하늘바람 연(蓮)잎에 담아 -地』

하늘을 닮은 둥근 바구니에 다기를 담아 두고 그 사이에 세모를 닮은 사람의 손으로 땅을 닮은 네모난 다포에 다기를 옮기며 행하는 말차(末茶) 다례법이다.

농부가 하늘을 바라보고 정성껏 땅을 일구듯 네모난 다포를 정성껏 펴고 둥근 바구니에서 다완을 꺼내 들고 씨앗을 심듯 천천히 완 하나씩 감상하고 다포에 올린다.

다완의 크기는 서로 비슷한 크기의 것으로 하고 같은 양의 차(1.2g)에 같은 양의 물(130ml)로 차를 내는 것은 땅 위에서의 평등과 평화를 기원함이기도 하다. 땅의 가장 넓은 면적인 바다에서 난 조개로 만든 차시로 땅이 키운 차를 듬뿍 넣어 다완 안에서 빗자루차솔로 꽃 잎 모양으로 차를 펼치고 차꽃 수술을 표현하듯 가운데 차를 뿌린 후 다포 위에서 다화(茶花)를 피우며 즐겨본다.

입안 가득 퍼져 스며있는 가루차를 종일토록 즐기고 음미 하고자 백탕은 마시지 않으며, 각자의 완에 남아 있는 다화를 바라보며 즐기고 차를 다 마신 후에는 다완을 찬찬이 감상하는 또 다른 재미를 느껴본다.

일본의 다완을 사용하여 삼성법으로 차를 내는 '하나의 지구'의 시대에 함께 즐기는 원유다례법이다.

차살림배열

주요 모습

연잎에서 운유를 담아

강용은

(사)원유전통예절문화협회 이사

연잎에서 운유를 담아

서문

『연』

맑은날 연못가에서 연잎의 고고함을 들여다 본다.

더위도 잊게 하는 연잎위의 청개구리 한 마리...

둥근 보를 깔고 그 위에 마주 앉아본다.

행담(도람)에 담아온 초화로의 사이사이로 새어 나오는 영롱한 불빛.

연잎다포 위에 단아하게 놓인 찻 사발, 꽃 한송이, 차통으로 이루어진 단아함.

따뜻한 탕수의 김이 오르면 정성스러운 손길로 연잎다포를 펼치고 가지런히 다기를 꺼내어 본다.

연잎을 닮은 다포를 손끝으로 쓰다듬으며 정갈함의 운율을 느껴본다.

손끝으로 전해지는 연잎의 보드라움과 찻 사발의 느낌

한줄기 스치는 바람을 손 끝에 잡아 나와 그대의 찻사발에 차 꽃을 피운다.

손님과 나의 찻사발속의 속삭임

단아하게 피워진 다화를 살며시 입안에 담아 어여쁜이와 얼굴 마주하네.

연잎, 그 향기로움을 입안 가득 담으니 마음에 꽃으로 퍼지네.

지금 이순간은 다시 오지 않는다는 일기일회"(一期一會)"의 시간 차를 나누어 마시는 귀하고 소중한 만남을 가벼이 할 수 없음을 가슴에 안아본다.

연잎의 아름다운과 말차로 꽃을 피운 신비로움의 세계

더러운 곳에 처해 있어도 세상에 물들지 않고, 깨끗하고 순수함이 목을 타고 내 안에 넘긴다.

계절별 다과

봄 : 금귤. 망고젤리

여름 : 삼색치즈. 송화. 비트

가을 : 곶감 말이

겨울 : 도라지 정과. 모과 양갱 등

계절에 따라 다양한 과일이나 정과등 다양하게 이용 할 수 있다.

차 살림준비

차살림		연잎다포	차(g)/물(cc) (홍삼말차:홍삼90%말차10%)
연잎다포 주인완 손님완 다화병 차합 고명합 다건 차선대 차선 차시	차화로 탕관 퇴수기 다과반 저분 다식함 행담(도람) 다반	연잎다포 지름 : 52cm	주인(차 : 1.3g 물100cc) 손님(차 : 1.3g 물100cc)

차살림 이름

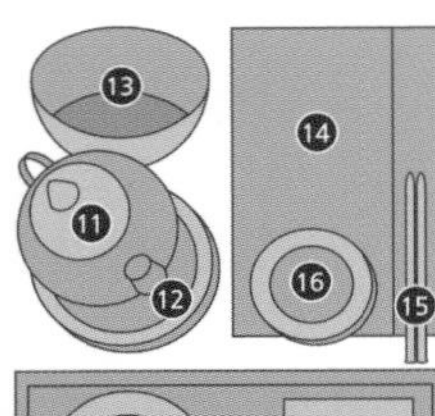

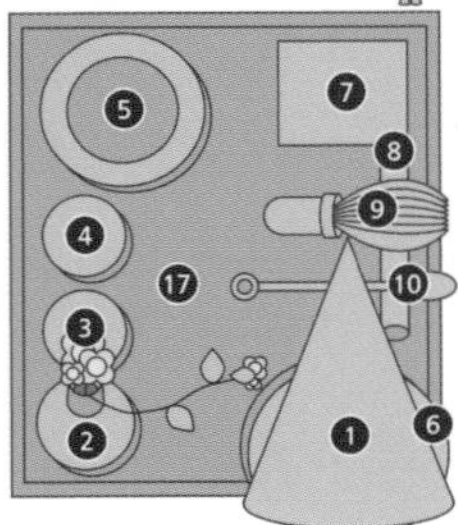

(1) 연잎다포
(2) 다화병
(3) 차합
(4) 고명합
(5) 2완 주인완
(6) 1완 손님완
(7) 다건
(8) 차선대
(9) 차선
(10) 차시
11) 초화로
(12) 탕관
(13) 퇴수기
(14) 다과반
(15) 저분
(16) 다식함

차살림 이름

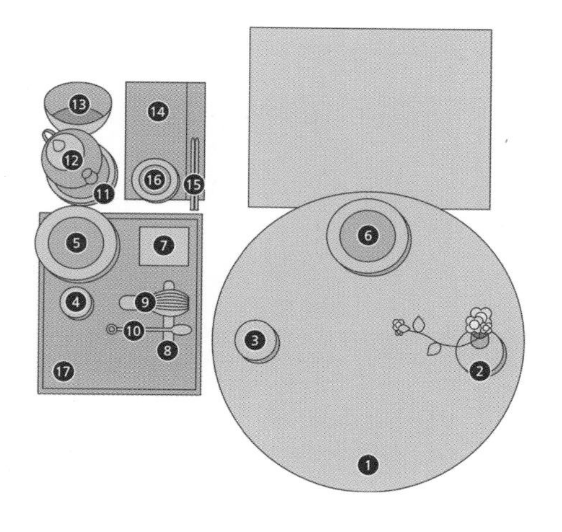

(1) 연잎 다포
(2) 다화병
(3) 차합
(4) 고명합
(5) 2완 주인완
(6) 1완 손님완
(7) 다건
(8) 차선대
(9) 차선
(10) 차시
(11) 초화로
(12) 탕관
(13) 퇴수기
(14) 다과반
(15) 저분
(16) 다식합
(17) 다반

– 행다 순서 –

(1) 행담(도람)에서 차도구 꺼내기

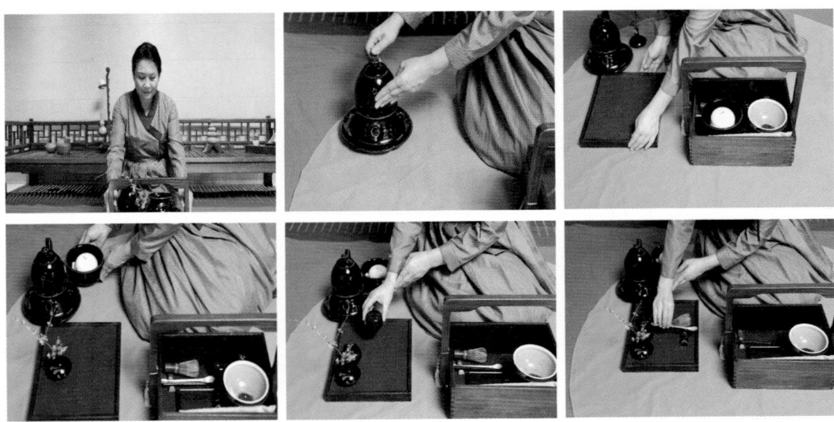

1. 행담(도람)을 방석 왼쪽에 놓고 배례 후 앞으로 옮겨 초화로와 다반에 놓는다. 화병, 차합, 고명합, 차선대, 차선, 차시, 다건, 다반에 옮겨 놓는다.

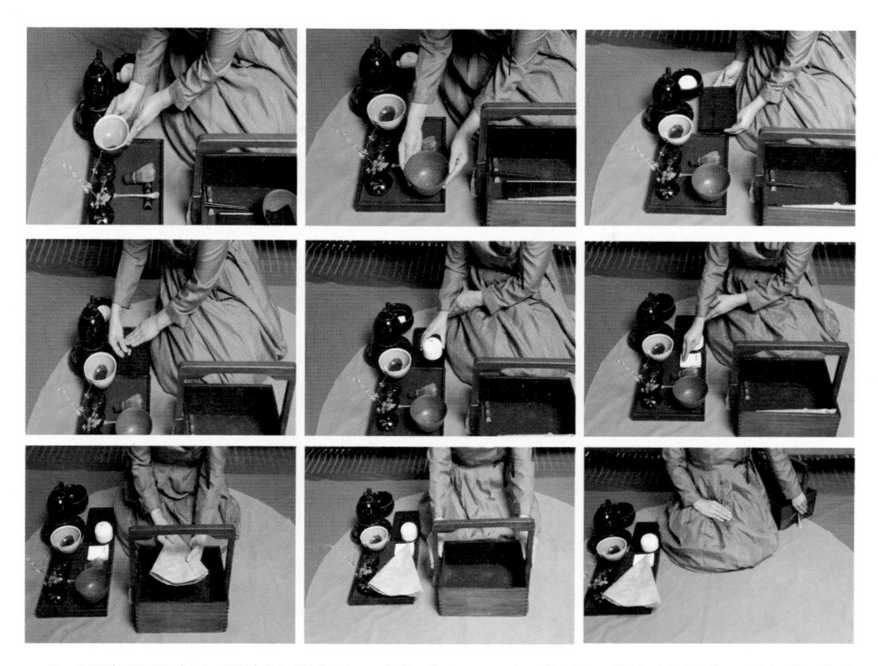

2. 2완(주인완)과 1완(손님완)을 다반에 놓고 다과반을 다반 아래에, 저분과 다과합은 다과반에 다근과 연잎 다포는 다반에 옮겨 놓고 행담(도람)을 뒤로 옮긴다.

(2) 차내기

1. 배다하고 꽃수건에 양손을 닦고 다건을 위로 올려 제자리에 놓고 순서에 따라 연잎다포를 편다.

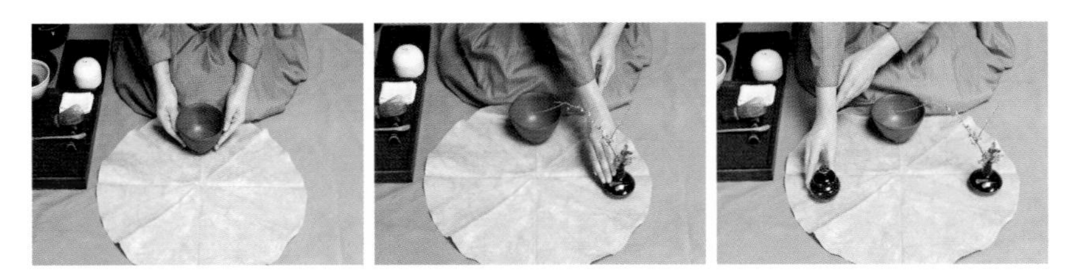

2. 1완(손님완), 다화병, 차합을 연잎다포위에 옮겨놓는다.

3. 다건을 들어 탕관의 탕수를 손님차완에 따르고 잠시 바라본다.

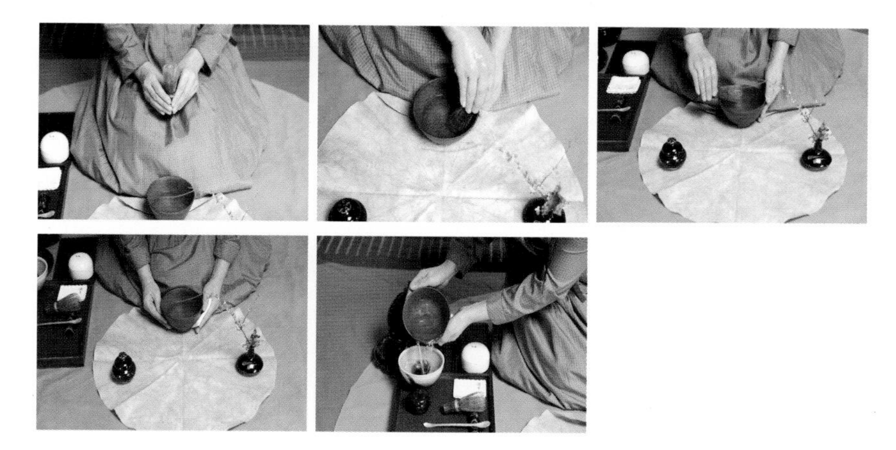

4. 차선을 들어 1–0–8선을 그려 적신 후 차선을 제자리에 놓고 다건을 들고 1완을 들어 앞, 뒤, 시계방향, 반시계방향으로 돌려 예온한 후 2번완(주인완)에 물을 따르고 연잎다포 위에 1완을 내려놓는다.(명상의 개념으로 아주 천천히 움직인다.)

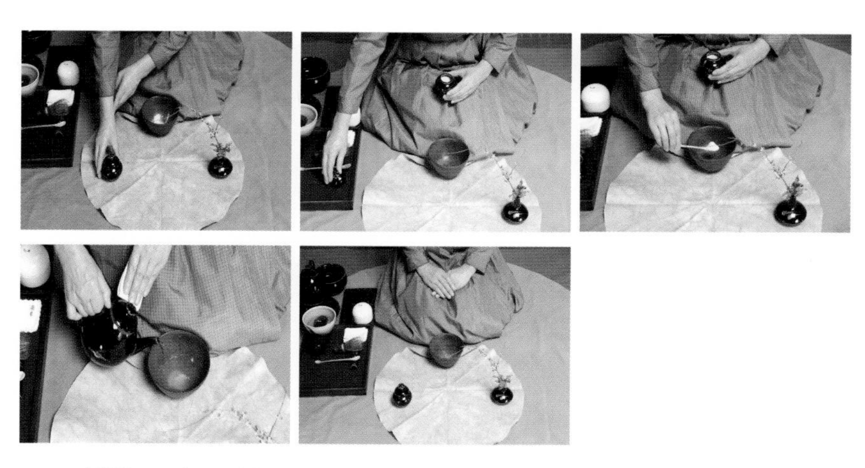

5. 차합을 들어 뚜껑을 차선대에 걸쳐 놓고 차를 떠서 1완에 넣고 차합은 제자리에 놓고, 탕관의 탕수를 1완의 면을 타고 흐르도록 따른 후 잠시 차와 물이 어우리지는 모습을 완상한다.

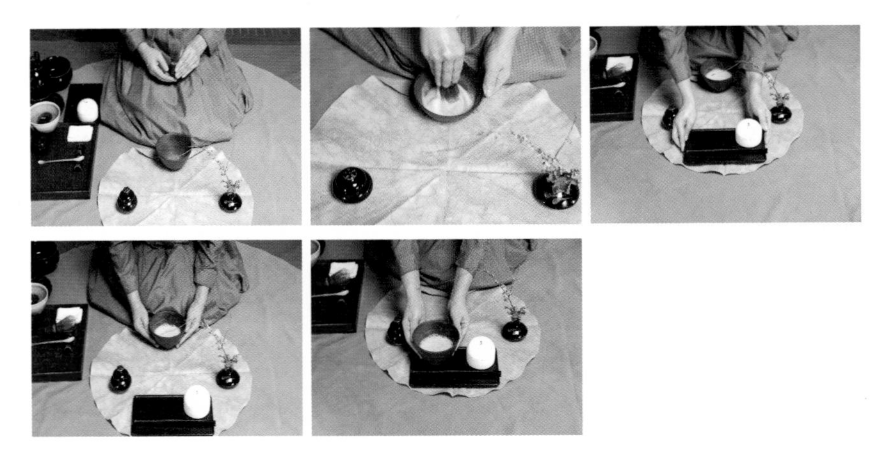

6. 차선을 들어 1완에서 천.지.인. 삼성을 찍고 차선을 시계방향으로 틀었다 다시 원위치하고 차를 풀어준 후 격불 하고, 차선을 제자리에 놓고 다과반을 들어 연잎다포 끝에 놓고 1완을 들어 다과반에 놓는다.

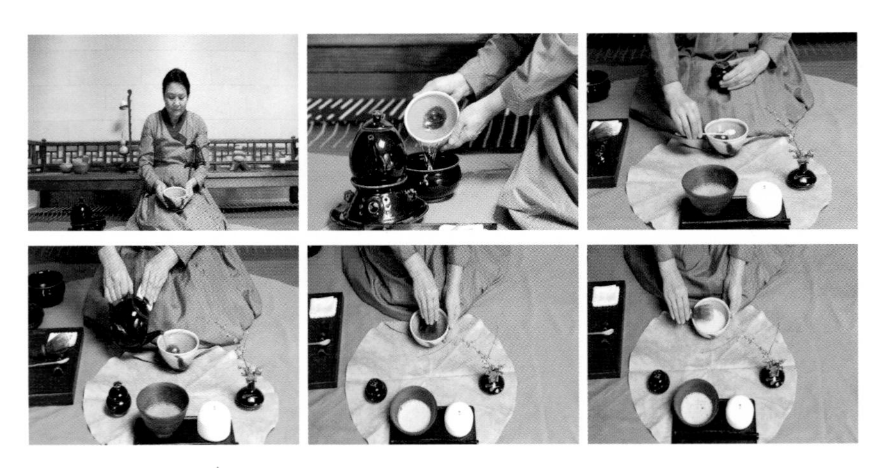

7. 2완을 가볍게 시계방향으로 돌려 예온 후, 퇴수기에 물을 따르고 연잎다포 위에 놓은 후, 2완에 차를 넣고 탕수를 2완의 면을 타고 흐르도록 따르고 차와 물이 어우러지는 모습을 완상 후 격불한다.

(3) 차 대접하기

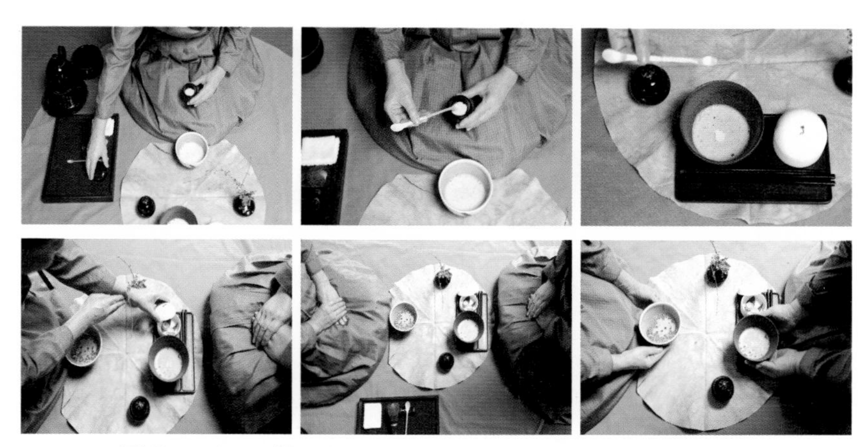

10. 고명합을 들어 뚜껑을 차선대에 걸치고 은차시를 돌려 1완과 2완의 차 위에 고명을 올려주고 다과합 뚜껑을 열어 합 가장자리에 걸쳐놓고 배다한다.

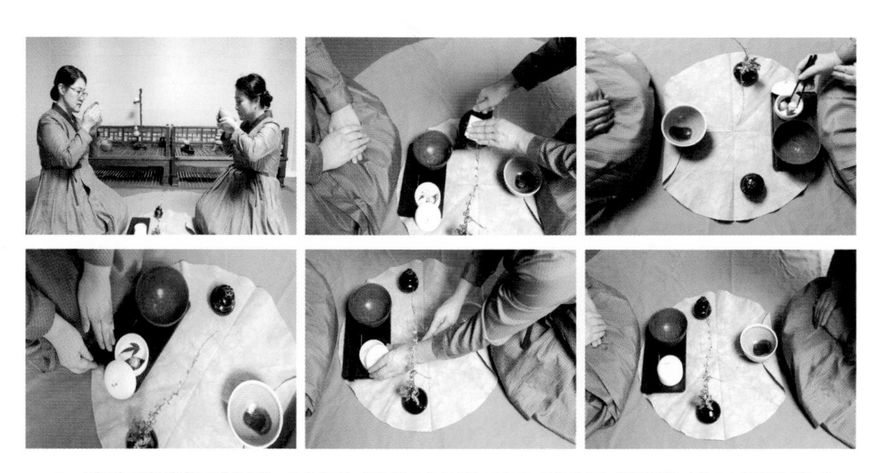

11. 차와 백탕을 마신후 손님과 함께 다과를 먹고 다과합 뚜껑을 닫고 배례한다.

(4) 다기 정리하기

11. 2완을 들어 다반에 옮긴 후 1완은 연잎다포에 옮기고 다과반을 다반 아래에 내려 놓는다

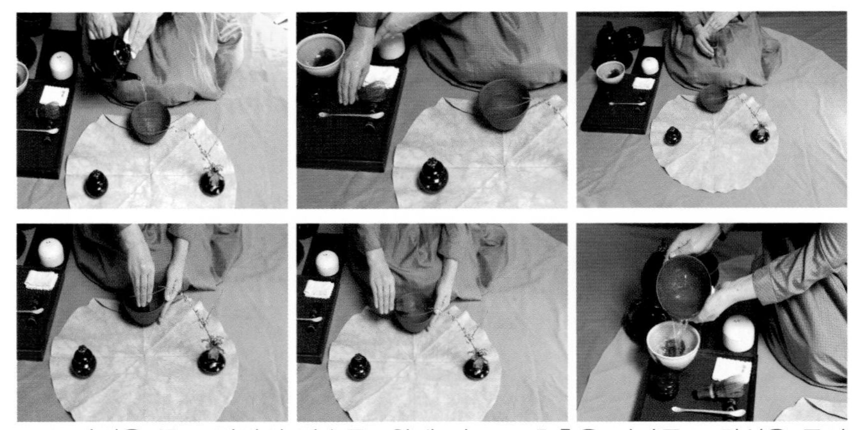

12. 다건을 들고 탕관의 탕수를 1완에 따르고 호흡을 가다듬고 차선을 들어 1–0–8선을 그리며 헹군 후 차선을 제자리에 놓고 1완을 들어 앞, 뒤, 시계방향, 반시계방향으로 돌린 후 2완에 물을 따른다.

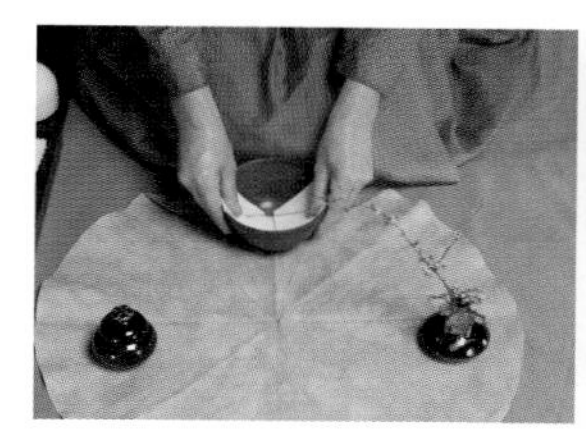 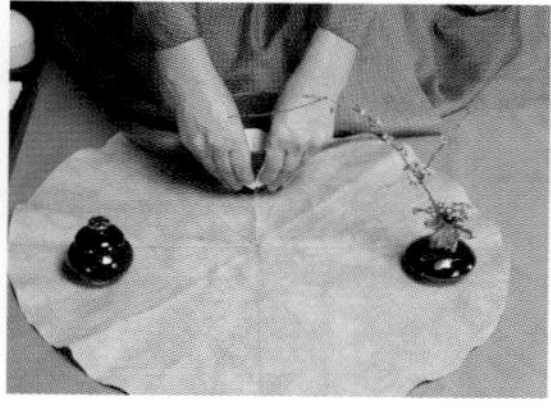 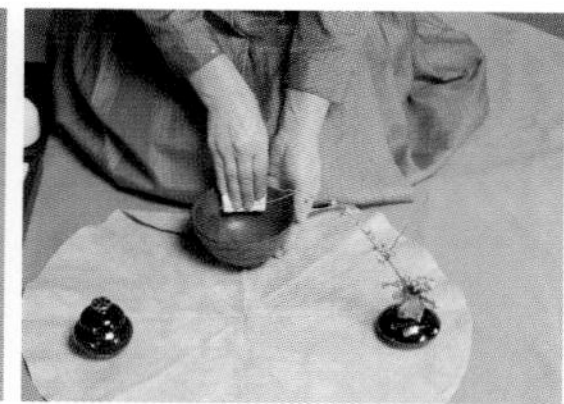

13. 1완을 연잎다포 위에 놓고 다건을 펴서 닦은 후 다과반에 옮기고 2완을 들어 시계방향으로 돌려 헹군 후 퇴수기에 물을 따른다.

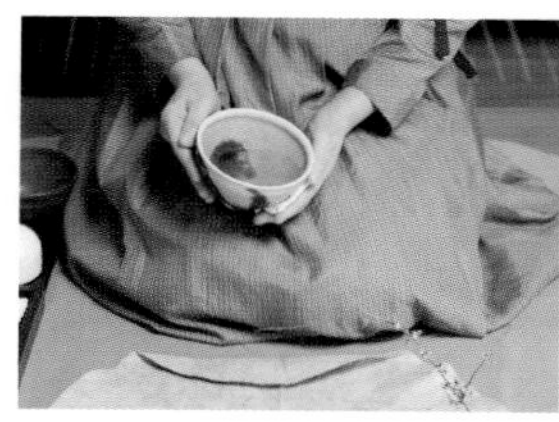 

14. 2완을 연잎다포에 놓고 다건으로 닦은 후 차시, 차선도 닦아 놓는다.

 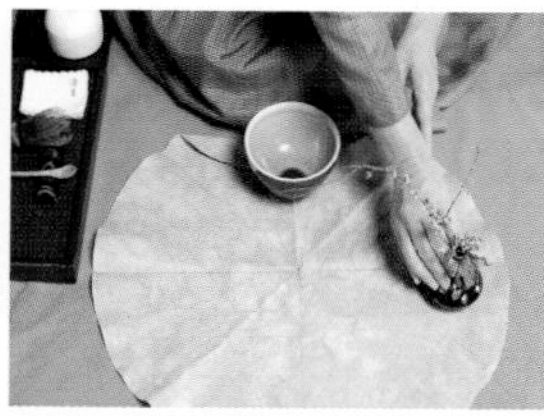 

15. 연잎다포위에 놓인 차합, 다화병, 2완, 다과반에 있던 1완을 다반에 올려 놓는다.

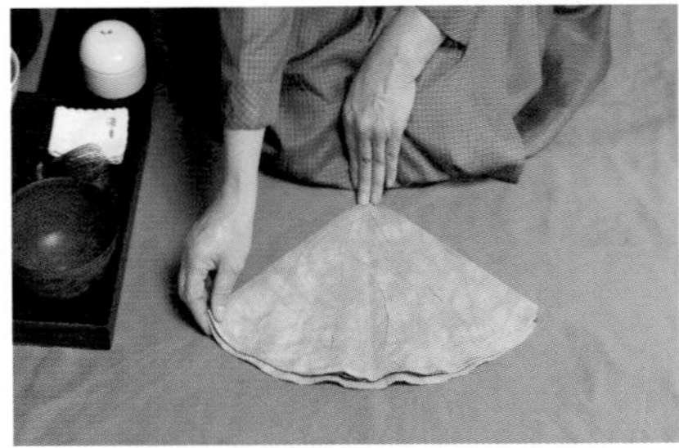

16. 연잎다포를 순서에 따라 접어 1완에 올려 놓고 배한다.

(5) 행담에 다기 넣기

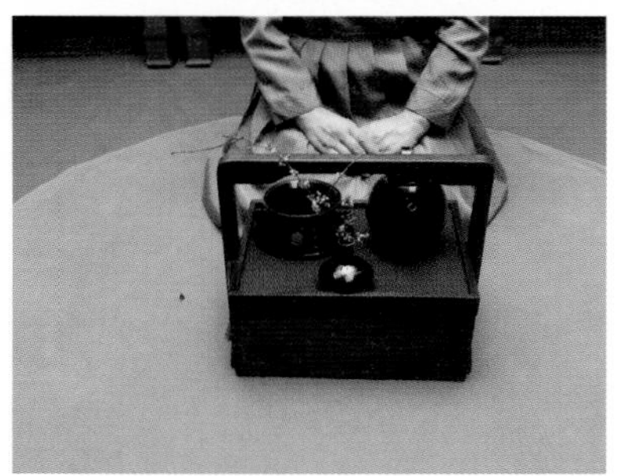

17. 연잎다포-저분-다과반-1완(꽂다건을 펴서 넣는다)-2완(다건을 펴서 놓는다.)-다식합-차시-차선-차선대-고명합-차합-다과병-퇴수기 순으로 행담에 담는다.

내 몸을 깨우는 차 한 잔

한기옥

(사)원유전통예절문화협회 이사

내 몸을 깨우는 차 한 잔

『내 몸을 깨우는 차 한 잔』 다례법의 특징

『내 몸을 깨우는 차 한잔』 다례법은 연잎다포 위에 간결하게 다구들을 차려놓고, 오롯이 나 자신만을 위한 차를 내어 마시는 원유 차살림 다례법이다.

고요한 마음으로 차를 우리면 어지러운 마음이 정리되고, 내 행동 하나하나가 여유로움으로 다듬어 진다.

손 끝에 느껴지는 다기의 감촉과 물소리, 차선 끝의 풍성한 다화는 바닷가 파도의 흰 포말과 같은 아름다움을 느끼게 된다.

곱게 갈아 만든 말차 가루로 정성스레 다화를 피워 마시는 것이기 때문에 물에 용해되지 않는 성분까지 모두 섭취할 수 있습니다.

우리나라 말차는 고려시대 문헌에도 기록이 되어 있듯이 조상들도 즐기셨던것 같다.

작가의 혼이 담긴 찻사발을 연잎 다포위에 조심스레 내려놓고,

차향이 가득한 차합, 고운 가루를 가득 담을 차시, 그리고 대나무의 결로 만든 차선을 간결하게 펼쳐 놓는다.

연잎다포위에 검은색 찻사발을 놓고 말차1.3g을 차시에 가득 담아 찻사발에 넣고, 뜨거운 탕수 100cc를 살포시 따른 후 차선으로 힘있게 격불하여 다화를 피워 낸 후 마신다.

정성스러움이 가득 들어간 차가 주는 맛과 향은 감미롭다.

차를 한 모금 입에 머금으면, 은은한 향기가 입안을 가득 메우고 혀 끝에 느껴지는 쌉쌀한 맛 뒤에 느껴지는 단맛은 내마음의 번뇌를 잊게한다.

『내 몸을 깨우는 차 한잔』의 다례법은 맥박과 호흡을 이완시켜 내자신의 심신의 편안함을 준다.

차 살림준비

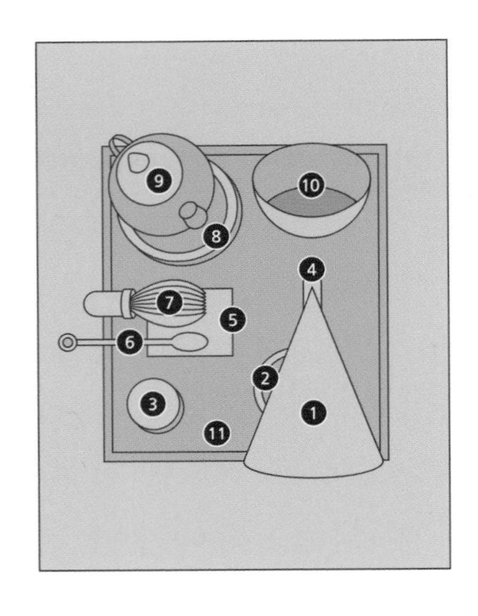

(1) 연잎다포
(2) 다완
(3) 차합
(4) 차선대
(5) 다건
(6) 차시
(7) 차선
(8) 초화로
(9) 탕병
(10) 퇴수기
(11) 찻상

1. 배다례 한다(정성껏 우리겠다는 인사)

2. 차반에서 퇴수기를 내려 놓는다.

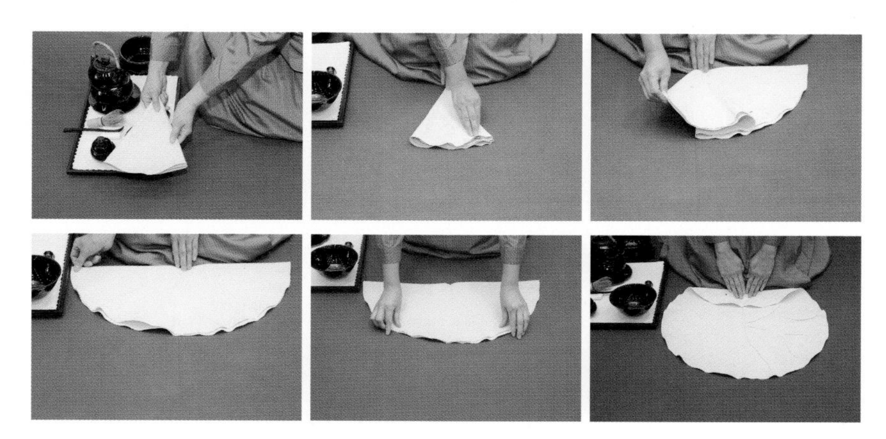

3. 연잎다포를 앞으로 가져와 순서대로 펼쳐 놓는다.

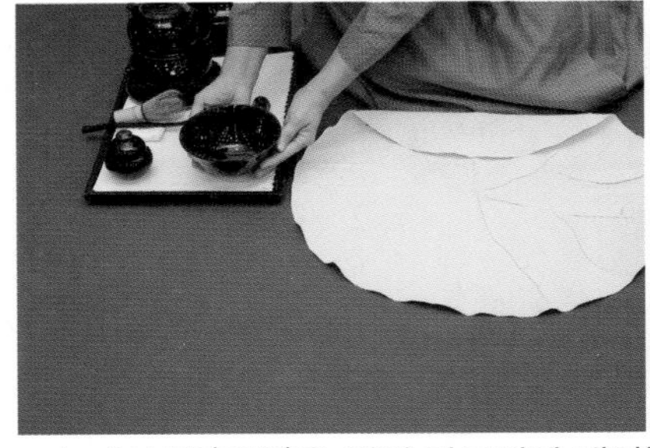

4. 찻사발(다완)을 연잎 다포위에 내려놓는다.

5. 차반위에 차합, 차시, 차선, 다건을 가지런히 옮겨 놓는다.

6. 탕관을 들어 찻사발에 7부의 물을 따른다.

7. 차선을 들어 찻사발에 1-0-8을 그리며 차선을 적셔 놓는다.

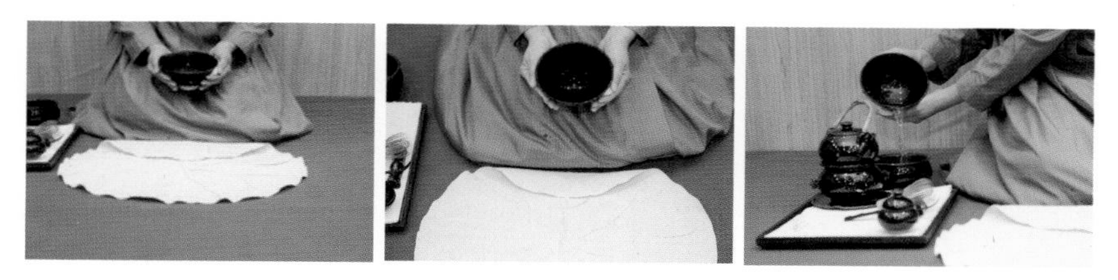

8. 찻사발을 들어 앞,뒤,왼쪽,오른쪽으로 예온하고 퇴수기에 따른다.

9. 차합의 차를 차시로 덜어내어 찻사발에 넣는다.

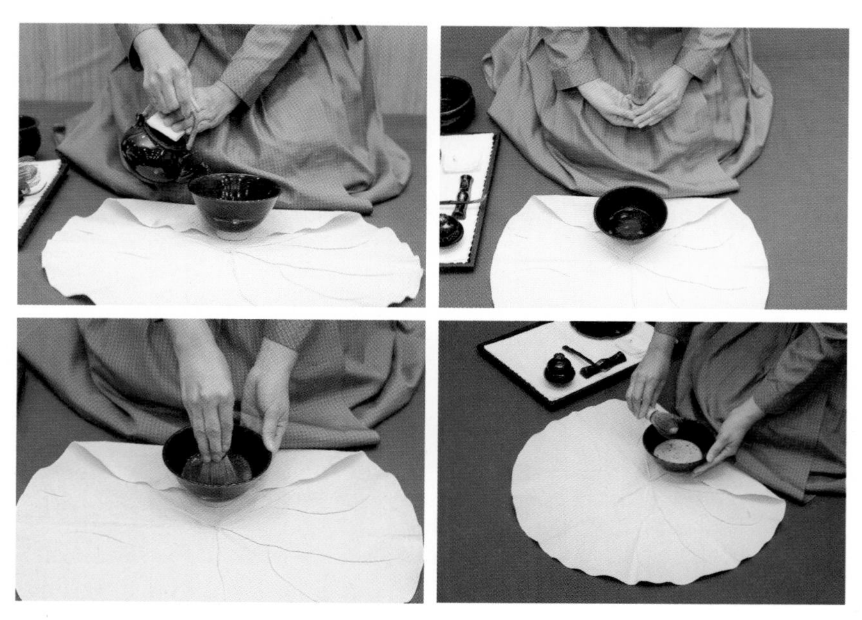

10. 찻사발에 물을 살포시 따르고 천 · 지 · 인을 찍으며 차를 풀어 준 후 격불한다.

11. 차를 마신 후 찻사발에 탕수를 따르고 백탕을 마신다.

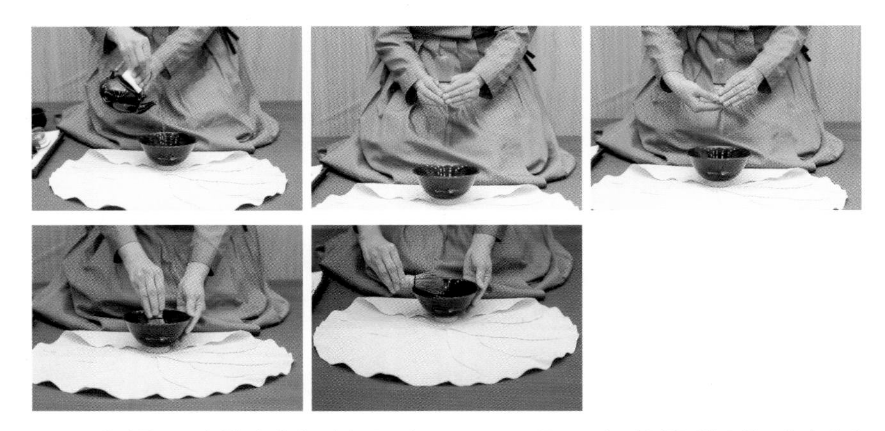

12. 탕관을 들어 찻사발에 탕수를 따르고 1-0-8을 그려 차선을 헹군후 제자리에 놓는다.

13. 찻사발을 들어 앞,뒤 왼쪽,오른쪽 돌려 헹군 후 퇴수기에 따른 후 찻사발을 내려놓는다.

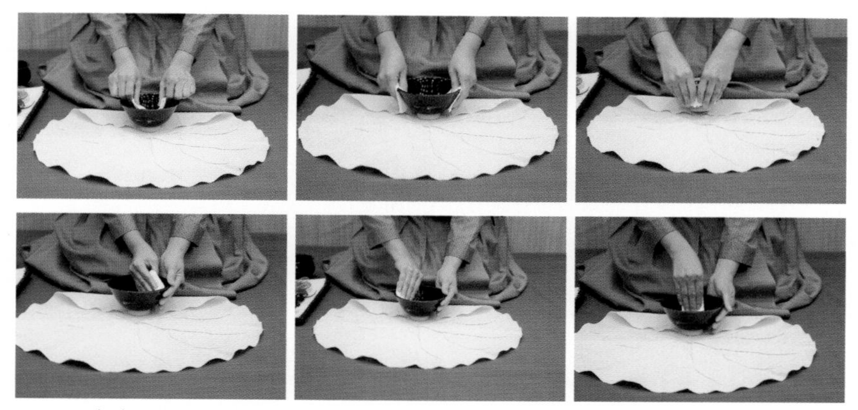

14. 다건으로 찻사발을 닦는다.

15. 차시를 다건에 닦는다.

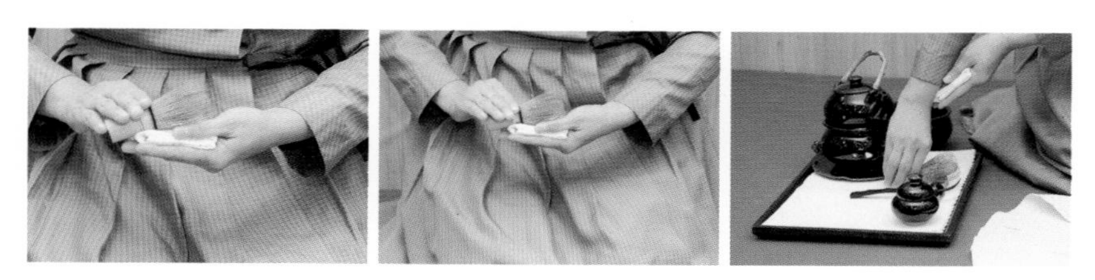

16 다건에 차선을 닦아 제자리에 놓는다.

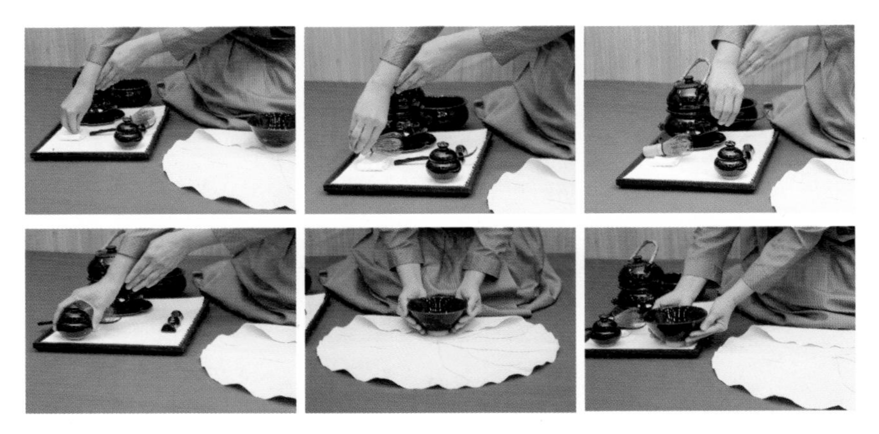

17. 다건,차선,차시,차합, 찻사발 순으로 제자리에 옮겨 놓는다.

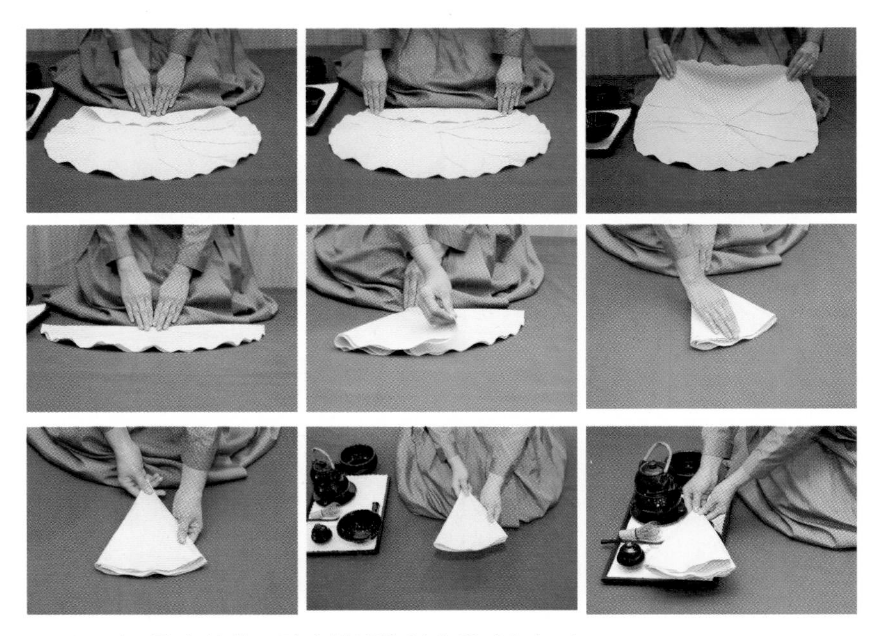

18. 다포를 순서대로 접어 찻사발 위에 올려 놓는다.

19. 퇴수기를 다반위에 올려 놓고 배다례 한다.

금석지교(金石之交)

최보승

(사)원유전통예절문화협회 이사
서산 지회장

금석지교(金石之交)

금석지교의 의미

금석지교는 그 이름에서 알 수 있듯, 쇠와 돌처럼 한결같이 변함없는 굳은 사귐을 뜻한다. 오랜 시간이 지나도 변치 않고 힘을 주는 오래된 다기를 활용하여, 옛 선인들의 철학과 정서를 완성된 명품을 통해 사람도, 다례도, 행위도 깊이를 더하는 차 살림법이다.

오랫동안 같은 스승을 모시고 가르침을 받은 동문동사(東文東士)나 뜻을 함께하는 지우들이 앉아 그 가르침을 다시 한번 되새기고 결의를 다지는 찻자리로 적합하다. 아무리 어려운 일이라도 함께 헤쳐 나갈 만큼 우정을 쌓으며 그 아름다움을 찻자리로 무게감 있게 준비하고 서로의 소통이 자연스럽게 이어짐을 표현한다. 이 자리에 함께하는 이들은 세대를 넘어서 함께 차를 우리고 마시는 과정을 통하여 정서적인 안정을 얻고 다담으로 사회적인 소속감과 만족감을 느낄 수 있게 한다.

금석지교의 차 살림법은 고완품(古完品:옛 그릇)에 가루차를 넣고 함께 저어가면서 차의 깊은 빛깔을 감상하고 차향과 차맛을 음미하는 데 그 멋이 있다. 가루차는 삼국시대부터 애음해 오던 것으로, 우리나라에서는 임진왜란을 계기로 쇠퇴했다. 삼국시대에는 떡차를 갈아서 거친 가루를 돌솥에 넣어 끓여 찻잔이나 자완에 따라 마시는 팽다법이 말차의 시원이 되었다고 기록되어 있다. 고려시대에는 무인 정치에서 밀려난 문인들이 차와 시를 접목시켜 차 문화를 꽃피우며 고려청자 자완을 탄생시키는 계기를 만들었다. 왕실의 어용차인 뇌원차와 문인들의 애용차인 유화가 오늘날 말차로 전해지고 있다.

고려의 4대 왕인 광종은 공덕제를 올릴 때 쓰일 차를 직접 맷돌에 갈았다고 한다. 유단차의 덩이는 차공대 등으로 부순 후에 맷돌에 곱게 갈아 비단 체에 친 후 다합에 담아 두었다가 점다하였다. 점다란 찻가루와 탕수를 휘저어서 차 거품을 일으켜 차유로 만드는 것을 말한다.

고려시대의 다인 이규보는 말차 한 사발을 음다한 후"내 혀끝에 붓이 없음이 안타깝다."라는 시를 남김으로써 유차의 맛과 말차의 멋을 한껏 높였다. 현대의 가루차는 햇빛을 가려서 키운 어린 찻잎을 증기로 찐 다음 건조시켜서 미세한 가루로 만든 차이다. 가루차는 찻잎의 영양 성분을 고스란히 섭취할 수 있다는 장점이 있다.

가루차에 함유된 유효 성분의 적당량을 섭취해도 체내 흡수가 빨라서 맑은 정신과 건강한 몸을 유지할 수 있다. '차를 마시는 것도 신이니 선에 있어서 격식은 격식을 초월하는 법이며, 차를 우릴 때는 차가 주인이고 차를 마실 때는 사람이 주인이며 차를 마시고 난 후에는 정신이 주인이다.'라고 했다. 가루차는 색과 맛, 향, 성분과 효능으로 다인들의 마음을 사로잡고 있다.

금석지교(金石之交) 차 살림법은 차호를 1개만 사용하고 주인 찻자리에만 놓는다. 각자 자리에 차호와 고명반을 제외한 차 도구를 배열해 둔다. 고완품(옛 그릇) 받침으로 좌대를 사용하고 고완품을 좌대 위에 올려 차선으로 차를 휘저어 운유를 만든다. 정갈한 찻자리와 아름다운 차 도구를 통하여 심미적인 만족감에 이를 수 있게 한다. 또한 정리된 차 도구와 차 살림법은 한 잔의 차를 정성껏 우려 마실 때의 마음의 안정과 청정함과 겸허함을 서로 나눌 수 있게 하여 새로운 힘이 솟아나게 한다.

금석지교 차살림 준비

차살림	다포	가루차/탕수
금석다포 차호(주인준비) 고완품(옛그릇) 좌대(완 받침) 탕병(흑유) 상아차시,조개차시 차선,백송차선 차선대 : 고명반 대추기 : 금분기 은저분 : 퇴수기 차건 : 차수건	• 금석다포(단위: cm) 가로 : 50 세로 : 50 • 금석보조다포 가로:세로–반접어 오각형 • 차건 가로 : 21 세로 : 11	차빈 : 1빈 2빈 3빈 가루차 : 3.7g 탕수 : 80cc

1. 금석다포
2. 좌대
3. 고완품
4. 가루차호
5. 차선대
6. 상아차시, 조개차시
7. 차선, 백송차선
8. 고명반
9. 대추기
10. 금가루기
11. 은저분
12. 탕병
13. 퇴수기
14. 차건
15. 차수건

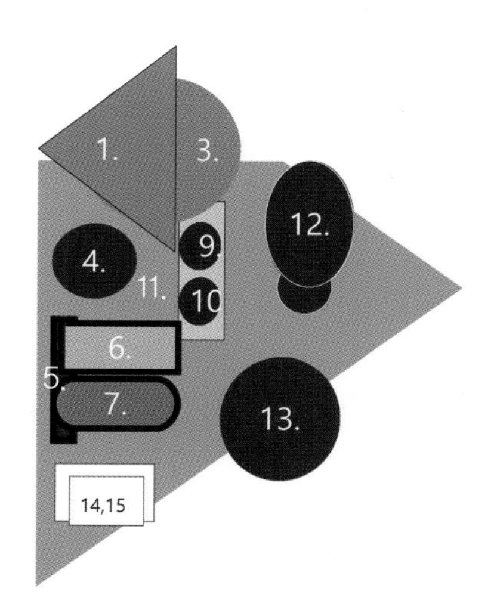

금석지교 차 살림법

인사하기

1. 차를 정성껏 우리겠다는 예를 한다.(배다례)

금석다포 펴기

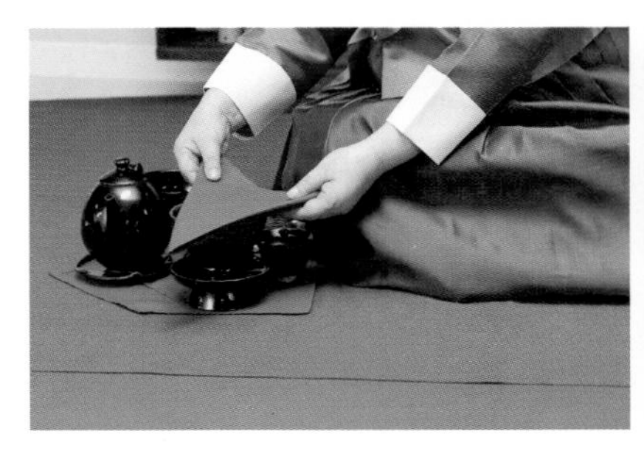

① 고완품 위에 있는 금석다포를 들어 아래로 내린후 오른손으로 다포끝을 잡고 오른쪽으로 편다.

② 오른손이 내려와 양손으로 다포를 펼쳐 역삼각형을 만든 후 양손이 다포 아래에서 손끝이 만나면 모아 공수 한다.

고완품(옛그릇) 배열

① 마음을 고른후 좌대와 함께 고완품(옛그릇)을 들고 온다.

② 금석다포 가운데 내려 놓는다.

고완품(옛그릇) 예온하기

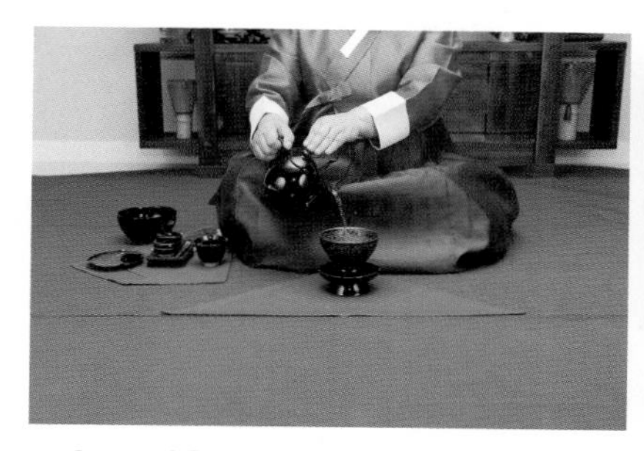

① 주인은 차빈들과 함께 탕병을 들어 예온물을 따른다.

② 차빈들과 함께 차선을 잡아 몸 중심에 가져 온다.

③ 차선을 가져와 안쪽으로 돌려 완 중앙에 내려 놓는다.

④ 차선으로 1→0→8을 그린 후 차선을 들어 옆으로 놓은 다음 제자리에 놓는다

⑤ 주인은 차빈들과 함께 완을 들어 위→아래→시계방향으로 천천히 돌린다음 퇴수기에 버린다

차 넣기

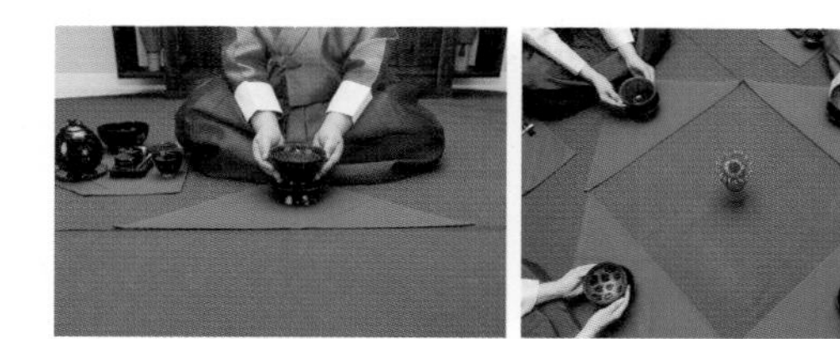

① 완을 좌대에 올린 다음 주인은 차호를 가져와 뚜껑을 열어 좌대 아래 놓는다.

② 차시를 들어 차호 앞으로 가져 와 가루차 3.7g을 완에 넣는다.

③ 차시는 제자리에 놓고 차호 뚜껑을 닫아 다포 오른쪽 끝에 놓으면 1빈이 차호를 가져가 가루차 3.7g을 완에 넣은 다음 2빈–3빈 순으로 차를 넣고 다포에 놓으면 주인은 왼손으로 차호를 들어 오른손으로 제자리에 놓는다.

탕수 따르기

① 주인과 차빈들은 함께 탕병을 들어 앞으로 가져온다.

② 탕수 80cc를 자기 고완품의 면을 타고 흐르도록 따른다음 탕병은 제자리에 놓는다.

다화 피우기

① 주인은 차빈들과 함께 차선을 가져와 천(↓)지(↗)인(↖)을 그린다.(↓↗↖)

② 시계방향으로 정면점으로 돌린 후 일발점으로 격불한다.

③ 다화를 피워 낸후 차선을 옆으로 놓아 가볍게 털어 차선대에 놓는다.

고명 넣기

① 주인은 고명반을 가져와 좌대 앞에 내려놓고 은젓가락을 들어 대추꽃을 운유 위에 살포시 놓은 후 금분을 대추꽃 옆에 놓는다.

② 뚜껑을 닫아 고명반에 놓은 다음 주인 다포 오른쪽 끝에 놓으면 1빈,2빈,3빈은 순서대로 대추꽃과 금분을 자기 완에 넣은후 3빈은 고명반을 본인 다포 끝에 놓으면 주인은 왼손으로 가져와 제자리에 놓는다.

차 마시기

① 주인은 차빈들과 함께 예를 한다.

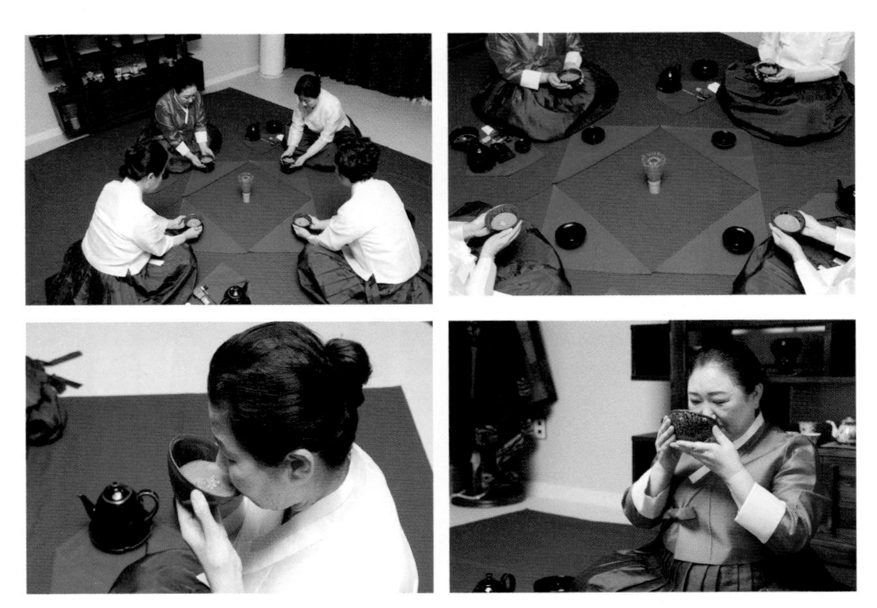

② 운유가 담긴 고완품을 왼손으로 받치고 오른손으로 보듬어 천천히 운유를 음미 한다.

백탕 마시기

① 운유를 음미한 다음 백탕을 따른다.

② 차빈들과백탕을마신후좌대에내려 놓는다.

백탕의 온도는 차를 마시는 온도와 같은 온도로 한다.

설거지 하기

① 고완품이 놓여 있는 좌대를 들어 다포 위쪽으로 올려 놓은 다음 완만 들어 좌대 밑으로 내려 놓는다.

② 설거지 물을 따르고, 차선을 먼저 싯는다.

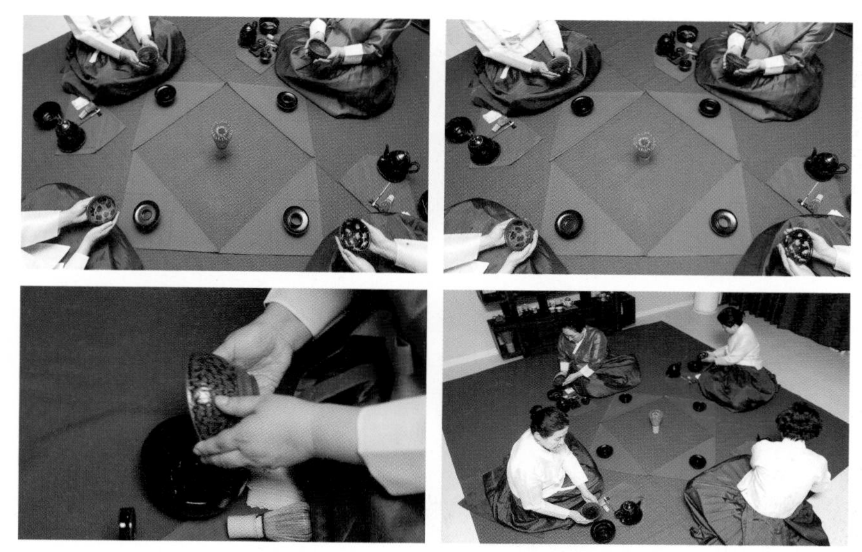

③ 차빈들과 함께 고완품을 보듬어 위- 아래-시계 방향으로 한바퀴 돌린다음
완의 물을 퇴수기에 버린다.

④ 차건을 가져와서 3, 3, 3공법으로 닦은 후 제자리에 놓는다.

고완품(옛그릇) 감상하기

① 고완품을 들어 좌대 위에 올려 놓는다.

② 차수건을 가져와 고완품 밑에 펴 놓는다.

③ 두손으로 보듬어 위, 옆, 아래를 돌려 가며 세심히 감상한다.

감상을 할때는 고완품을 높이(4cm)이상 올리지 않는다.

고완품 정리

① 주인과 차빈은 감상한 고완품을 정성스럽게 정리 한다.

② 숨을 고른후 좌대와 고완품을 함께 들어 몸 중심에서 잠시 멈춘다.

③ 보조다포 위 제자리에 놓는다.

금석다포 정리 하기

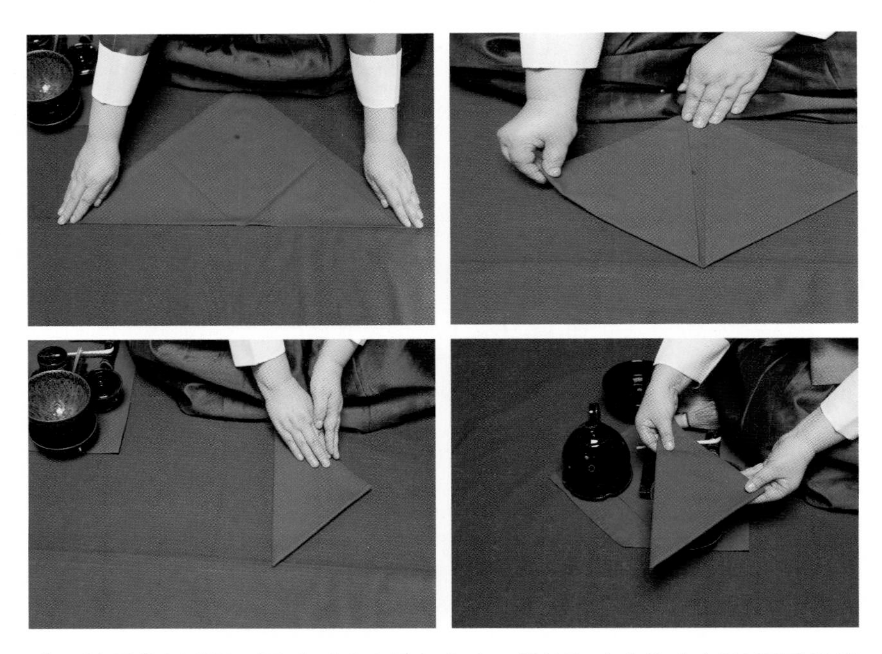

다포 양 끝을 날개를 접듯이 접어 오른손이 다포 사선을 따라 올라가 중심점에서 잠시 멈춘 다음 왼쪽으로 접어서 손을 모은다. 그리고 오른손은 다포 아래쪽을 잡고 왼손은 다포를 받쳐 든다음 금석다포를 고완품(옛그릇) 위에 올린 후 공수 한다.

- 말차 금석지교의 중점은 주인과 차빈이 행다의 모든 과정을 함께 한다는 것에 있다. 자연스러운 소통으로 부드럽게 이어지는 것이 금석지교의 특징이며 다포는 연결되어 있고 차호는 한 개로 돌아가며 사용하고 각 자리에는 차 살림이 준비되어 있다. 차선은 은수저,대나무차선,백송차선,고래수염, 나무뿌리, 풀뿌리 등을 사용했다.
- 차시는 상아, 은, 동, 구리, 옻칠, 조개껍질, 굴껍질등을 사용 했다.
- 고명으로 금가루, 송화가루, 대추말이, 차꽃, 매화꽃, 국화꽃등 계절에 맞는 꽃으로 다양하게 고명을 사용한다.

반가원유두레반 찻자리

이영미

(사)(사)원유전통예절문화협회 이사

반가 두레반

원유 보를 열어 고시레를 시작으로 찻자리를 펼친다. 어릴 적에 논이나 밭에서 일하시던 어른들이 새참 때나 점심때가 되면 두레반에 흰 앞치마나 흰 보자기를 자리인 듯 펼쳐 놓고, 바가지를 그릇으로 하여 국에 밥 말아 먹고 새참으로 막걸리, 식혜 등으로 목을 축이고 구수한 누룽지탕을 한 국자씩 떠서 나누어 먹으며 도란도란 이야기하시던 모습을 생각해 보며 찻자리를 펼쳐보았다.

두레반에 깔고 덮었던 흰 보자기의 네 군데 귀퉁이를 작은 소반 삼아, 산바람 들바람과 함께 도란도란 이야기하며 자연과 함께하던 그 시절을 그리며 반가 원유 두레반 찻자리를 펼쳐본다. 12가지가 재료가 되는 대용차로써 선차인 듯 약차인 듯 자연을 음미하면서 마시는 두레반 찻자리에서 산야초 차를 정성껏 우려본다.

차를 우려 항아리에 따라 여럿이 포자로 떠 마시는 들녘에서의 찻자리는 우리 농촌 그대로의 모습이며 정겨움이 넘쳐나는 찻자리이다.

1. 두레반 위에 덮여있는 차살림을 살포시 연다.
동서남북의 복을 모아 놓은 듯한 네 군데 모서리를 순서대로 펼쳐 놓는다.

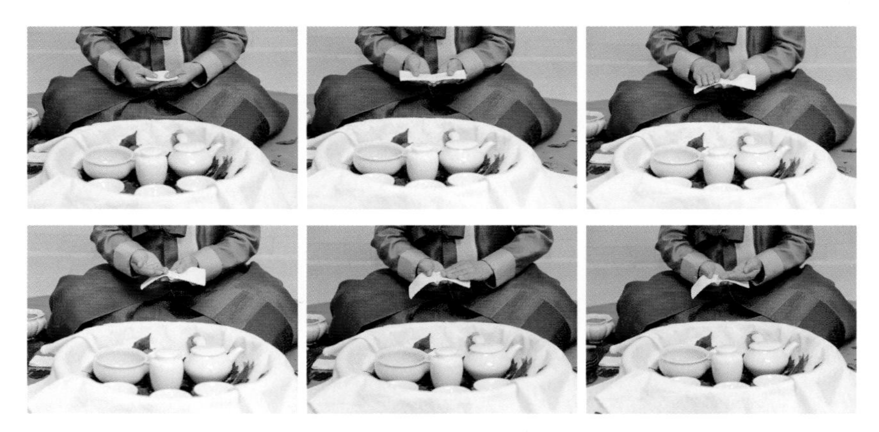

2. 주인은 수건을 들어 오른손, 왼손을 닦는다(정갈하게 차를 우리기 위해서 차를 내기 전에 정성스럽게 손을 닦는다).

3. 차를 우릴 때 사용할 다건을 수건 위에 올려 포갠 다음 제자리에 둔다.

4. 잠시 마음을 가다듬고 다건을 들어 왼손으로 옮겨 잡은 후, 탕관의 탕수를 사발에 따른다.

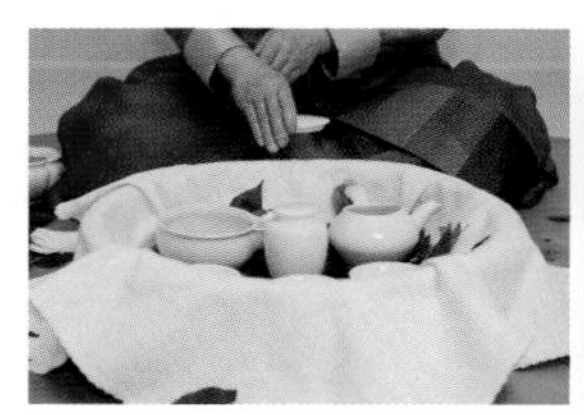
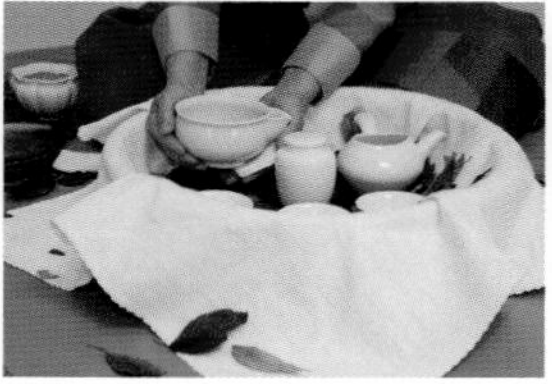
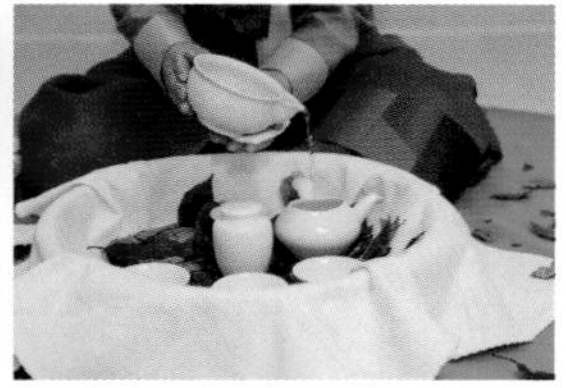

5. 다관의 뚜껑을 열고 다건을 들어 귀사발의 탕수를 다관에 따른다.

6. 어른 잔부터 8부정도의 탕수를 따라 예열한다.

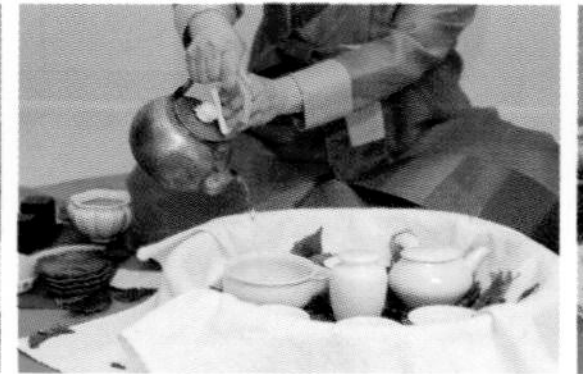

7. 다건을 들어 귀사발에 차 우릴 물을 따른 후, 다관의 뚜껑을 연다.

8.차호를 들어 오른손에 옮겨 잡고 왼손에 차를 덜어낸 후 다관에 옮긴다.

9. 차호를 제자리에 둔다.

10. 귀사발의 탕수를 다관에 따른다.

11. 차가 우러나는 동안 주인 잔부터 예열한 물을 퇴수기에 버린다.

12. 다관을 들어 오른쪽 어른부터 반시계방향으로 두 번에 걸쳐 8부를 따른다.

13. 차의 농도와 색과 맛을 일정하게 하기 위해 주인잔부터 시계방향으로
다시 차를 따른다.

14. 잔탁을 들어 왼손에 올린 후 오른쪽 손님의 잔을 올린다.

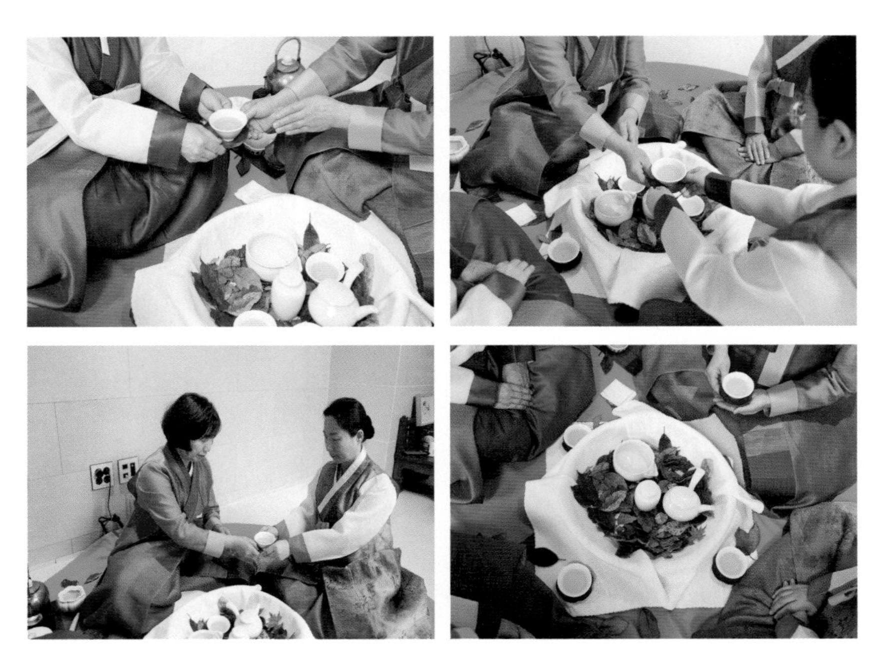

15. 주인은 오른손으로 잔탁을 잡고 왼손으로 예를 갖춰 손님에게 내어드리면, 손님은 양손으로 받아 보의 모서리를 다포 삼아 그 위에 올려둔다. 같은 방법으로 모든 손님이 차를 받은 후, 주인의 잔도 잔탁을 받쳐 보 위에 올려둔다.

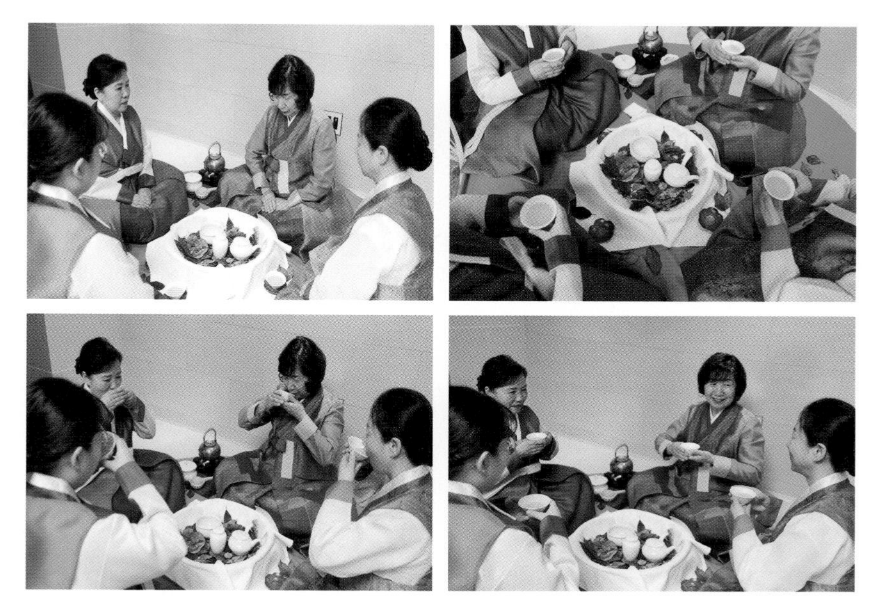

16. 모두가 차를 받았으면 주인과 손님은 예를 하고 다같이 찻잔을 들어 차를 음미한 후 가벼운 담소를 나눈다.

17. 첫우림을 마시면 주인은 다관 뚜껑을 열고 탕관의 탕수를 다관에 바로 따라 두우림을 준비한다.

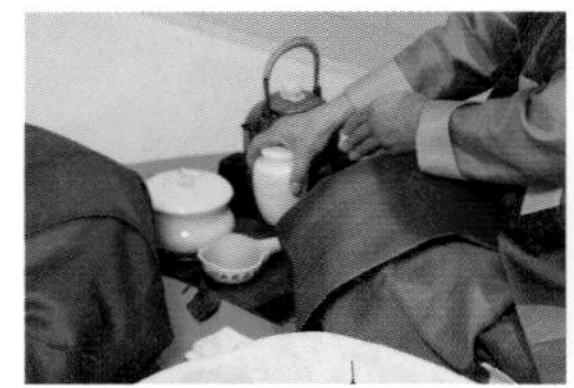

18. 차가 우러나는 동안 차호를 보조상으로 옮기고 보조상에 있던 차항아리를 차호 자리에 둔다.

19. 차항아리의 뚜껑을 열어 제자리에 둔다.
다관에 우려진 차를 차항아리에 따른다.
포자를 들어 오른쪽 손님이 계신 쪽으로 옮겨 놓는다.

20. 큰어른부터 포자를 이용해 차를 따른 후 포자의 손잡이를 다음 사람에게 돌려 항아리에 올려둔다.

21. 같은 방법으로 손님이 차를 따를 때까지 기다린 후 다같이 차를 마신다. 손님이 원하시면 세우림 등 다담과 함께 차를 마시며 정겨운 시간을 즐긴다.

22. 차를 다 마셨으면 포자를 제자리에 두고 항아리 뚜껑을 닫은 후, 찻잔을 주인 잔부터 시계 방향으로 두레반 상 안에 거둔다. 손님이 계실 때는 설거지를 하지 않는 우리의 정서에 맞춰 보를 덮어 마무리한다.

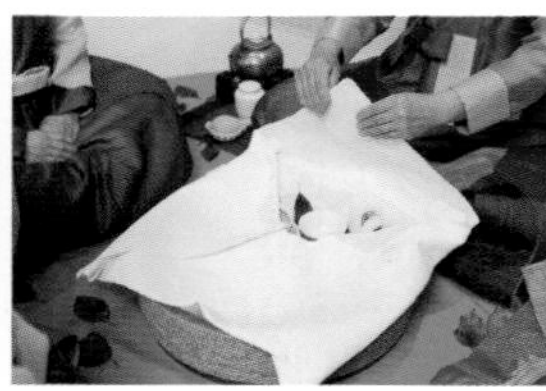
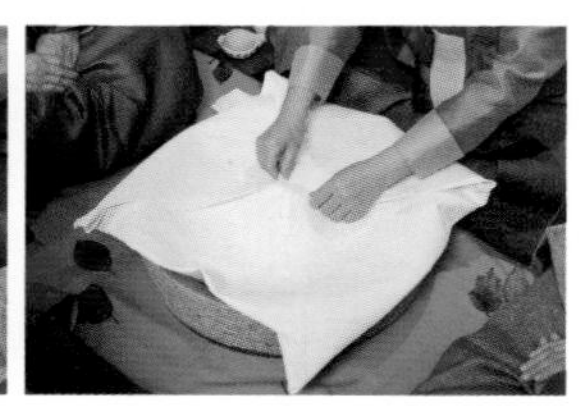

23. 보를 펼 때와 반대로 위 쪽, 양쪽, 그리고 앞 쪽 순으로 접는다.(북, 동서, 남) 보를 덮을 때에도 손님과 함께 정성스레 보를 덮고 다듬는다.

24. 찻자리에 함께 있었던 꽃, 풀, 낙엽 등으로 찻자리를 마무리하고 마침인사를 한다.

약선차 약선화차

임옥희

사)원유전통예절문화협회 이사
옥천지회장

약선차 약선화차

산야 들야에 널려 있는 자연과 잎과 꽃들이 보약이 되고 명약이 되는 약선 화차. 한 잎, 한 송이, 한 줄기 뿌리를 놓치지 않고 법제를 하여 내 봄을 살리고 자연으로 되돌리는 작업을 한지도 강산이 여러 번 변하였습니다. 계절마다 시기마다 때를 놓치지 않으려 자연에 의지 하고 때를 거르지 않으려 하나님이 주신 그대로의 꽃차와 약선으로 담아 본 이 귀한 것들을 이제야 펼쳐 지인들과 나누게 되어 행복합니다. 모두에게 건강과 행복을 갖게 하려는 나의 시간들을 돌려 드리며...

조용히 눈을 감고 지나간 시간들을 회상해본다. 파란 하늘 아래 이산 저산 들판을 다니며 자연이 만들어낸 자연의 꽃과 잎과 열매들 그리고 뿌리까지 바람에 날릴세라 잘못 만져 떨어질세라 두 손으로 보듬어 한 잎 한 잎 정성스레 모아 이곳에 함께 있는 우리들 오늘은 차로 약으로 사랑하는 이 보고픈 이들에게 보답캐 정성스레 우려내고 걸러내어 나누고자 한다.

1. 명상으로 찻자리를 시작한다.

2. 화차 다완에 몇 가지 화차류를 담아본다. 담아낼 땐 색도 향도 맛도 중요하지만 함께하는 이의 체질도 눈여겨보며 어렴풋이 느껴본다. 그리고 또 전향을 맡아본다.

3. 화차 다완을 들어 위쪽으로 옮긴다.

4. 꽃 개안과 숙우를 앞으로 당기고 꽃 개원의 뚜껑을 숙우 위에 올려 둔다.

5. 꽃개완과 숙우를 앞으로 당기고 꽃개완의 뚜껑을 숙우 위에 올려 둔다.

6. 참으로 귀한 벗 들이다. 여러 약선 화차에서 오늘의 벗을 고른다는 게 미안하고 아쉽지만 우선 국화를 꺼내어 감상한 후 왼손에 덜어내어 꽃 개원에 담는다.

7. 늘 인연이 성숙되어야 하나가 되듯이 오늘은 붉은 약선 화차도 매화 차도 친구 해보려 한다. 일 년 열두 달 봄, 여름, 가을, 겨울 사계를 함께 아울러 느껴보려 함이다.

8. 탕관을 들어 탕수를 조용히 따른다. 어느 하나라도 무겁게 뜨겁게 부딪혀서는 안 될 것 같은 아련한 마음으로 잘 끓여진 산골물을 꽃과 함께 우려내어 본다. 차와 꽃들이 그리고 차탕이 잘 어우러지도록 다시 묵상하며 꽃들이 이야기하는 것을 본다. 참으로 곱고 아름답다.

9. 꽃 개안을 두 손으로 보듬어 이리저리 우리 서로 만났으니 춤도 추고 이야기도 나누며 내 몸의 색 향미를 마음껏 나누겠다고 하였을 때 숙우에 따른다. 잔을 가져와 차를 따른다.

10. 함께 있는 이들과 약선 화차를 나눈다. 마음을 가다듬고 색상을 느끼며 자연의 맛을 느껴본다. 눈이 저절로 감기며 내 마음의 기쁨이 환하게 젖게 한다.

한 모금 두 모금 세 모금 이 맛을 이향을 이색을 찾기 위해 이 산 저 산을 다니며 사계절을 얼마나 헤매었던가 너무나 귀하고 소중한 나의 분신 같은 멋진 동무들 두 손에 가슴에 품은 이 약선 차 약선 화차는 모두에게 나누고 공유하고 싶다.

원유향도(源諭香道)

임현화

(사)원유전통예절문화협회 사범

원유향도

격화훈향법

향은 여러 가지 방법으로 즐기지만, 옛날부터 향인들이 선호하는 방법으로 격화훈향법이 있다. 품향을 위한 모임등에서 숯불 위에 운모편(雲母片)이나 은엽(銀葉)을 놓고 그 위에 침향 조각을 올려 향을 맡는다. 향이 직접 불에 닿지 않고 향기를 내게 하는 훈향의 방법이다.

격화훈향법으로 품향을 즐기기 위해서는 좋은 향을 사용해야 한다. 품향을 만족시킬 수 있는 향으로는 침향이나 기남이 가장 좋다. 사용하는 향의 등급은 다양하게 사용하면서 여러 가지 향의 특징을 즐기는 방법도 있다. 품향 과정을 잘 소화하기 위해서는 냄새가 나지 않는 좋은 숯을 사용한다. 품향자의 수준과 목적에 맞는 향도구를 사용하여, 품향에 몰입하는 시간을 가져본다.

원유향도

1. 향배

2. 향수건을 가져온다.

3. 향수건에 손을 깨끗이 닦는다.

4. 향수건을 덮어 제자리에 놓는다.

5. 향로를 가져와 향보 중심에 놓는다.

6. 향도구통을 몸중심에 왔다가 오른쪽 위에 내려 놓는다.

7. 향탄그릇을 가져와 향도구통 아래에 놓는다.

8. 은엽그릇을 가져와 향로 왼쪽에 놓는다.

9. 향그릇을 들어 은엽그릇 옆으로 놓는다.

10. 향로 뚜껑을 열어 향탄그릇 아래 놓는다.

11. 향재를 안에서 밖으로 돌린다.

14. 향재를 시계반대방향으로 안에서 밖으로, 밖에서 안으로 2번 돌려 중심에서 멈춘다.

13. 향로를 깨끗이 하고 향을 얹는다.

14. 향재에 올려 있는 향을 바라본 후, 가슴 높이로 행로를 올려 훈향한다.

15. 차가 담긴 개완을 가져와 차를 음미한다.

반가원유보다례 향도 교육은 품향을 마친 후 차를 음미한다.

자자 후기

차를 우릴 때 천을 사용하는 것은 과거에도 사용하였던 방법이다. 전통 한약을 우릴 때 사용하던 방법인 무명천에 한약을 짜서 마셨다는 점을 참고해서, 이를 발전시켜 차를 차보자기에 정성스럽게 싸서 우리고 함께 나누는 절차를 행다에 반영시킨 것이 "원유 보다례"이다. 우리의 관습에서 출발한 다례법을 회원들이 한결같은 마음으로 연구하고 발전시켜나가는 모습을 보게 되면서, 회원 개개인의 숙련된 다법에 문화적인 배경을 접목하여 발전시키기로 하였다. 각 다례법 마다 팀원을 중심으로 세부적인 방법까지 연구하는 모습과, 전문적인 학술적 지식과 연결하여 발전시

켜 나온 다법들을 담아 책을 준비하였다. 여러 차례 반복된 사진 작업이 진행되면서 차실에서는 보다례에 대한 깊은 대화가 이어졌고, 이를 통해 회원 간에 우애와 친목이 더욱 돈독해지는 과정을 보게 되기도 했다. 팀장과 회원들에게 고마움을 전한다.

참고문헌

의식다례

- 한국학중앙연구원, 『한국민족문화대백과사전』, 한국학중앙연구원, 1991.
- 오양가, 『한국 다도문화에 대한 사상적 고찰』, 석사학위논문, 성균관대학교, 2002.
- 이용우, 『차와 다도』, 도서출판 삼보애드컴, 2003.
- 심민정, 『조선시대 倭使 接賓茶禮에 대하여』, 동북아시아문화학회, 2008, 17(17): 135-157.
- 육수화 외 1인, 『 조선전기 조정사(朝廷使)에 대한 접빈다례(接賓茶禮) 일고』, 대한관광경영학회, 2017, 32(5): 277-292.
- 이창기 외 3인, 『진다례 연구(進茶禮 硏究)』, 한국국제차문화학회, 2019, 44(1): 101-130.
- 이진수, 『조선 왕실의 진다례 연구(고종황제 진다례 재현을 중심으로)』, 한국국제차문화학회, 2019, 46(1): 105-126.

다원결의

- 정동주의 차이야기(2002 11-3) 한국차의 병폐
- 정동주의 차살림학(2019 10-30) 부산일보
- 전재분(2012) 차 예절연구가 전재분의 원유다례 교문사
- 김진희(2006) 차문화활동이 웰빙 지각에 미치는 영향. 계명대학교 석사학위논문
- 여연스님(2006) 우리가 알아야 할 우리차. 현암사,141-143
- 이귀례(2002) 한국의 차문화. 열화당
- 세설신어 상예편(세설신어 상예편)
- 삼국지 병원전(삼국지 병원전)
- 나관중 삼국지연의
- 역경(域經)의 계사상전(繫辭上傳)
- 성진. 백팔번뇌〈불교사상.〉
- 정민(2011 5 11) 새로 쓰는 조선의 차문화 김영사

- 석용운(1991). 한국다예. 도서출판 보람사.
- 이승희(2004). 정신세계: 명상과 건강.
- 이중해(1993). 차와 명상. 초의

돌맞이 다례

- 〈출산과 육아의 풍속사〉, 카트린 롤레, 마리프랑스 모렐, 사람과 사람, 2002
- 〈한국인의 일생의례와 의례음식〉, 윤숙자 외12인, 한림출판사, 2019
- 〈한국 민속의 세계2 일상생활 의례생활〉,유사순, 창작마을, 2001
- 〈한국의 민속사상〉,김선풍 외, 집문당, 1996
- 〈한국서사문학과 통과의례〉, 오세출, 집문당, 1995
- 〈한국민속학의 이해〉,민속학회, 문학아카데미, 1994

접빈다례

- 전통문화 (초등사회 개념사전, 2015. 02. 23., 김금주, 김현숙, 박현화, 황정숙, 강지연)
- 글로벌 세계대백과사전의"〈사상.학문〉전통"항목
- 끝나지 않은 이어령의 한국인 이야기
- ⑱지구가 한복을 입는다면(다양한 아름다운 보자기'조각보'문화
- 한국문화대사전(한국문화대사전 간행위원회),진한엠앤비,2008),
- 한국민족문화대백과사전(encykorea.ac.kr).
- 『한국식품사연구』(윤서석, 신광출판사, 1974)
- 『고려 이전 한국식생활사연구』(이성우, 향문사, 1978)
- 네이버 앤드님 茶나 한잔

반가원유보다례

초판 1쇄 인쇄 | 2024년 01월 29일
초판 1쇄 발행 | 2024년 02월 02일

글 | 전제분

발행인 | 박홍관
발행처 | 티웰
디자인 | 엔터디자인 홍원준

등록 | 2006년 11월 24일 제22-3016호
주소 | 서울시 종로구 삼일대로 30길리, 507호(종로오피스텔)

전화 | 02.720.2477
메일 | teawell@gmail.com
ISBN 978-89-97053-00-1 03590
정가 24,000원